2024年用
共通テスト 実戦模試

③ 数学 I・A

Z会編集部 編

目次

共通テストに向けて ……………………………………… 3

本書の効果的な利用法 …………………………………… 4

共通テスト攻略法

　　データクリップ………………………………………… 6

　　傾向と対策……………………………………………… 8

模試　第1回

模試　第2回

模試　第3回

模試　第4回

模試　第5回

大学入学共通テスト　2023 本試

大学入学共通テスト　2023 追試

マークシート，公式・要点チェック …………………………… 巻末

共通テストに向けて

■ 共通テストは決してやさしい試験ではない。

　共通テストは，高校の教科書程度の内容を客観形式で問う試験である。科目によって，教科書等であまり見られないパターンの出題も見られるが，出題のほとんどは基本を問うものである。それでは，基本を問う試験だから共通テストはやさしい，といえるだろうか。

　実際のところは，共通テストには，適切な対策をしておくべきいくつかの手ごわい点がある。まず，**勉強するべき科目数が多い**。国公立大学では共通テストで「5教科7科目以上」を課す大学・学部が主流なので，科目数の負担は決して軽くない。また，基本事項とはいっても，**あらゆる分野から満遍なく出題される**。これは，"山"を張るような短期間の学習では対処できないことを意味する。また，広範囲の出題分野全体を見通し，**各分野の関連性を把握する必要もある**が，そうした視点が教科書の単元ごとの学習では容易に得られないのもやっかいである。さらに，**制限時間内で多くの問題をこなさなければならない**。しかもそれぞれが非常によく練られた良問だ。問題の設定や条件，出題意図を素早く読み解き，制限時間内に迅速に処理していく力が求められているのだ。こうした処理能力も，漫然とした学習では身につかない。

■ しかし，適切な対策をすれば，十分な結果を得られる試験でもある。

　上記のように決してやさしいとはいえない共通テストではあるが，適切な対策をすれば結果を期待できる試験でもある。共通テスト対策は，できるだけ早い時期から始めるのが望ましい。長期間にわたって，①教科書を中心に基本事項をもれなく押さえ，②共通テストの過去問で出題傾向を把握し，③出題形式・出題パターンを踏まえたオリジナル問題で実戦形式の演習を繰り返し行う，という段階的な学習を少しずつ行っていけば，個別試験対策を本格化させる秋口からの学習にも無理がかからず，期待通りの成果をあげることができるだろう。

■ 本書を利用して，共通テストを突破しよう。

　本書は主に上記③の段階での使用を想定して，Z会のオリジナル問題を教科別に模試形式で収録している。巻末のマークシートを利用し，解答時間を意識して問題を解いてみよう。そしてポイントを押さえた解答・解説をじっくり読み，知識の定着・弱点分野の補強に役立ててほしい。

　早いスタートが肝心とはいえ，時間的な余裕がないのは明らかである。できるだけ無駄な学習を避けるためにも，学習効果の高い良質なオリジナル問題に取り組んで，徹底的に知識の定着と処理能力の増強に努めてもらいたい。

　本書を十二分に活用して，志望校合格を達成し，喜びの春を迎えることを願ってやまない。

Z会編集部

本書の効果的な利用法

▌本書の特長▐

　本書は，共通テストで高得点をあげるために，試行調査から2023年度本試・追試までの出題形式と内容を徹底分析して作成した実戦模試である。共通テストの本番では，限られた試験時間内で解答する正確さとスピードが要求される。本書では時間配分を意識しながら，共通テストの出題傾向に沿った良質の実戦模試を複数回演習することができる。また，解答・解説編には丁寧な解説をほどこしているので，答え合わせにとどまらず，正解までの道筋を理解することで確実に実力を養成することができる。

■ 共通テスト攻略法 ── 情報収集で万全の準備を

　以下を参考にして，共通テストの内容・難易度をしっかり把握し，本番までのスケジュールを立て，余裕をもって本番に臨んでもらいたい。

　データクリップ ➡ 共通テストの出題教科や2023年度本試の得点状況を収録。

　傾向と対策 ➡ 2023年度をはじめとする過去の出題を徹底分析し，来年度に向けての対策を解説。

■ 共通テスト実戦模試 ── 本番に備える

　本番を想定して取り組むことが大切である。時間配分を意識して取り組み，自分の実力を確認しよう。巻末のマークシートを活用して，記入の仕方もしっかり練習しておきたい。

　また，実戦力を養成するためのオリジナル模試にプラスして，2023年度本試・追試もついている。合わせて参考にしてもらいたい。

　問題を解いたら必ず解答・解説をじっくり読み，しっかり復習することが大切である。本書の解答・解説編には，共通テストを突破するために必要な重要事項がポイントを押さえて書いてある。不明な点や疑問点はあいまいなままにせず，必ず教科書・参考書などで確認しよう。

　スマホでサクッと自動採点！　学習診断サイトのご案内

スマホでマークシートを撮影してサクッと自動採点。ライバルとの点数の比較や，学習アドバイスももらえる！　本書のオリジナル模試を解いて，下記URL・二次元コードにアクセス！
（詳しくは別冊解説の目次ページへ）

　Z会共通テスト学習診断　｜検索｜　　　二次元コード ➡

https://service.zkai.co.jp/books/k-test/

— 4 —

▌共通テストの段階式対策▐

> **0.** まずは教科書を中心に，基本事項をもれなく押さえる。

▼

> **1.** さまざまな問題にあたり，上記の知識の定着をはかる。その中で，自分の弱点を把握する。

▼

> **2.** 実戦形式の演習で，弱点を補強しながら，制限時間内に問題を処理する力を身につける。とくに，頻出事項や狙われやすいポイントについて重点的に学習する。

▼

> **3.** 仕上げとして，予想問題に取り組む。

▌Ｚ会の共通テスト関連教材▐

> **1.** 『ハイスコア！ 共通テスト攻略』シリーズ
> オリジナル問題を解きながら，共通テストの狙われどころを集中して学習できる。

▼

> **2.** 『2024年用　共通テスト過去問英数国』
> 複数年の共通テストの過去問題に取り組み，出題の特徴をつかむ。

▼

> **3.** 『2024年用　共通テスト実戦模試』（本シリーズ）

▼

> **4.** 『2024年用　共通テスト予想問題パック』
> 本シリーズを終えて総仕上げを行うため，直前期に使用する本番形式の予想問題。

※『2024年用　共通テスト実戦模試』シリーズは，本番でどのような出題があっても対応できる力をつけられるように，最新年度および過去の共通テストも徹底分析し，さまざまなタイプの問題を掲載しています。そのため，『2023年用　共通テスト実戦模試』と掲載問題に一部重複があります。

共通テスト攻略法
データクリップ

1 出題教科・科目の出題方法

下の表の教科・科目で実施される。なお，受験教科・科目は各大学が個別に定めているため，各大学の要項にて確認が必要である。

※解答方法はすべてマーク式。

※以下の表は大学入試センター発表の『令和6年度大学入学者選抜に係る大学入学共通テスト出題教科・科目の出題方法等』を元に作成した。

※「 」で記載されている科目は，高等学校学習指導要領上設定されている科目を表し，『 』はそれ以外の科目を表す。

教科名	出題科目	解答時間	配点	科目選択方法
国語	『国語』	80分	200点	
地理歴史・公民	「世界史A」，「世界史B」，「日本史A」，「日本史B」，「地理A」，「地理B」	1科目60分 2科目120分	1科目100点 2科目200点	左記10科目から最大2科目を選択（注1）（注2）
	「現代社会」，「倫理」，「政治・経済」，『倫理，政治・経済』			
数学①	「数学Ⅰ」，『数学Ⅰ・数学A』	70分	100点	左記2科目から1科目選択
数学②	「数学Ⅱ」，『数学Ⅱ・数学B』，『簿記・会計』，『情報関係基礎』	60分	100点	左記4科目から1科目選択（注3）
理科①	「物理基礎」，「化学基礎」，「生物基礎」，「地学基礎」	2科目60分	2科目100点	左記8科目から，次のいずれかの方法で選択（注2）（注4） A：理科①から2科目選択 B：理科②から1科目選択 C：理科①から2科目および理科②から1科目選択 D：理科②から2科目選択
理科②	「物理」，「化学」，「生物」，「地学」	1科目60分 2科目120分	1科目100点 2科目200点	
外国語	『英語』，『ドイツ語』，『フランス語』，『中国語』，『韓国語』	『英語』【リーディング】80分【リスニング】30分 『ドイツ語』，『フランス語』，『中国語』，『韓国語』【筆記】80分	『英語』【リーディング】100点【リスニング】100点 『ドイツ語』，『フランス語』，『中国語』，『韓国語』【筆記】200点	左記5科目から1科目選択 （注3）（注5）

（注1）地理歴史においては，同一名称のA・B出題科目，公民においては，同一名称を含む出題科目同士の選択はできない。

（注2）地理歴史・公民の受験する科目数，理科の受験する科目の選択方法は出願時に申請する。

（注3）数学②の各科目のうち『簿記・会計』『情報関係基礎』の問題冊子の配付を希望する場合，また外国語の各科目のうち『ドイツ語』『フランス語』『中国語』『韓国語』の問題冊子の配付を希望する場合は，出願時に申請する。

（注4）理科①については，1科目のみの受験は認めない。

（注5）外国語において『英語』を選択する受験者は，原則として，リーディングとリスニングの双方を解答する。

2 2023年度の得点状況

　2023年度は，前年度に比べて，下記の平均点に★がついている科目が難化し，平均点が下がる結果となった。

　地理歴史，公民，理科のように選択科目になっている教科は，科目間の難易度の差が合否に影響することもあるため，原則として，平均点に20点以上の差が生じ，それが試験問題の難易差に基づくものと認められる場合に得点調整が行われるが，今年度は『物理』『化学』『生物』がその対象となり，得点調整が行われた。

教科名	科目名等	本試験（1月14日・15日実施）		追試験（1月28日・29日実施）
		受験者数（人）	平均点（点）	受験者数（人）
国語（200点）	国語	445,358	105.74	2,761
地理歴史（100点）	世界史B	78,185	★58.43	2,469 (注1)
	日本史B	137,017	59.75	
	地理B	139,012	60.46	
公民（100点）	現代社会	64,676	★59.46	
	倫理	19,878	★59.02	
	政治・経済	44,707	★50.96	
	倫理，政治・経済	45,578	★60.59	
数学①（100点）	数学Ⅰ・数学A	346,628	55.65	2,434 (注1)
数学②（100点）	数学Ⅱ・数学B	316,728	61.48	2,279 (注1)
理科①（50点）	物理基礎	17,978	★28.19	901 (注1)
	化学基礎	95,515	29.42	
	生物基礎	119,730	24.66	
	地学基礎	43,070	★35.03	
理科②（100点）	物理	144,914	63.39	1,587 (注1)
	化学	182,224	54.01	
	生物	57,895	★48.46	
	地学	1,659	★49.85	
外国語（100点）	英語リーディング	463,985	★53.81	2,923
	英語リスニング	461,993	62.35	2,938

※2023年3月1日段階では，追試験の平均点が発表されていないため，上記の表では受験者数のみを示している。
（注1）国語，英語リーディング，英語リスニング以外では，科目ごとの追試験単独の受験者数は公表されていない。
　　　このため，地理歴史，公民，数学①，数学②，理科①，理科②については，大学入試センターの発表どおり，教科ごとにまとめて提示しており，上記の表は載せていない科目も含まれた人数となっている。

共通テスト攻略法
傾向と対策

■過去3年間の出題内容

第1問，第2問は「数学I」，第3問〜第5問は「数学A」からの出題。

第1問，第2問は必答で，第3問〜第5問は3問中2問を選択して，計4問を解答する。

2023年度本試験

（時間は解答目安時間です。）

第1問

〔1〕数と式　　配点 10点　時間 6分

　絶対値を含む不等式の問題。絶対値を外したり，分母を有理化できるかが問われた。

〔2〕図形と計量　　配点 20点　時間 11分

　円周上や球面上の点によってつくられる図形の面積や体積の最大値を求める問題。

　(1)は円と三角形，(2)は球と三角錐，と平面から空間へと拡張される。(2)ではこの流れを読み取り，**平面の考察と空間の考察の共通点を見つける**と考えやすかっただろう。

第2問

〔1〕データの分析　　配点 15点　時間 10分

　地域による食文化の特徴を，ヒストグラムや箱ひげ図，散布図を使って考える問題。

　用語の意味や代表値の求め方を理解しているかが問われた。(3)では与えられたデータから相関係数を求める。昨年に引き続き，必要のない値（平均値，分散）も含めて提示され，計算に必要な情報を選択する必要があった。

〔2〕二次関数　　配点 15点　時間 13分

　バスケットボールで，異なる高さから放たれたシュートの軌道について考察する問題。

　(1)で「ボールが最も高くなるときの地上の位置（頂点の x 座標）」，(2)で「シュートの高さ（頂点の y 座標）」を比較する。仮定の読み取りや，結論を日常場面の言葉で表すことなど，**数学のグラフや式と日常場面との読み替えを**正しくできるかが問われた。

第3問

場合の数と確率　　配点 20点　時間 15分

　場合の数を用いて，ひもでつながれた球の塗り方を調べる問題。確率の設問はなかった。

　3つの球を一直線につないだ例が示され，(1)で球を4つに増やす，(2)で3つの球を輪にする，(5)で4つの球を輪にする，(6)で5つの球を輪にする，と球の個数やつなげ方が変わっていく。

　(5)では，**どのように考えれば(1)や(2)の考察を活かすことができるか**が直接問われた。(6)では，**(5)の考察を応用する**ことがポイント。

第4問

整数の性質　　配点 20点　時間 15分

　長方形のタイルを敷き詰め，大きな長方形や正方形を作るときの条件を考察する問題。

　(1)は1種類のタイルについて，条件を最小公倍数などと正しく結び付けられるかがポイント。(2)ではタイルが2種類に増えた場合について考察する。**(1)の考察を2種類のタイルの場合に応用して考える**必要があった。

第5問

図形の性質　　配点 20点　時間 15分

　円と直線を使って作図された図形について，成り立つ性質を調べる問題。

　(1)で円と直線が交わる場合，(2)で円と直線が交わらない場合について考察する。(1)と(2)の手順が似ていることから，**考察で変わる部分や同じ部分に着目**して考えていくとよい。

2023年度追試験 　　(時間は解答目安時間です。)

第1問

〔1〕 数と式 　配点 10点 　時間 6分
　不等式とその解について，条件をみたす値の範囲を求める問題。分母を有理化したり，不等号の向きに注意して不等式を解けるかが問われた。

〔2〕 図形と計量・二次関数 　配点 20点 　時間 12分
　辺や角の条件が与えられたときの三角形の面積について調べる問題。
　(1)，(2)で具体的な三角比の値から面積を求め，(3)で一般的な関係に拡張する流れ。拡張しても変わらない部分に着目するとよい。

第2問

〔1〕 二次関数 　配点 15点 　時間 9分
　価格と売上のグラフから利益を予測する問題。値を正確に求めるのではなく，おおよその大きさや関係をグラフから読み取れるかが問われた。

〔2〕 データの分析 　配点 6点 　時間 6分
　0と1だけからなるデータから得られる総和や平均値，分散の意味を考える問題。代表値の求め方を正しく理解しているかが問われた。

〔3〕 データの分析・二次関数 　配点 9点 　時間 7分
　変量の組にデータを1つ加えたときの平均値，共分散，相関係数を求める問題。データの分析の知識に加え，2次不等式が正しく計算できるかも問われた。

第3問

場合の数と確率 　配点 20点 　時間 15分
　コインやサイコロによる試行とその結果に応じた点の移動について考察する問題。
　(1)で平面上の移動について，(2)で直線上の移動について移動の仕方や確率を求める。記入用の参考図を利用し，(2)でも参考図が使えるように問題を読み替えて考えられるとよい。

第4問

整数の性質 　配点 20点 　時間 15分
　2つの3元1次方程式について，ともにみたす整数解が存在するか調べる問題。
　係数について，(1)はすべて数，(2)は定数項が文字，(3)は定数項と1つの係数が文字，(4)は2つの係数が文字，と条件が変わっていく。前の問題での考え方を応用できるかがポイント。

第5問

図形の性質 　配点 20点 　時間 15分
　線分の比や，三角形の面積比を調べる問題。
　(1)ではチェバの定理やメネラウスの定理など図形の基本的な性質を利用する。(2)では線分の比と面積比について考察する。(i)と(ii)で既知の値と求めるものが入れ替わっており，(i)の解決過程を逆から辿って考えることがポイント。

2022年度，2021年度の出題

	問題番号		配点	分野
2022年(本試)	第1問	〔1〕	10	数と式
		〔2〕	6	図形と計量
		〔3〕	14	図形と計量，二次関数
	第2問	〔1〕	15	数と式，二次関数
		〔2〕	15	データの分析
	第3問		20	場合の数と確率
	第4問		20	整数の性質
	第5問		20	図形の性質

	問題番号		配点	分野
2021年(第1日程)	第1問	〔1〕	10	数と式
		〔2〕	20	図形と計量
	第2問	〔1〕	15	二次関数
		〔2〕	15	データの分析
	第3問		20	場合の数と確率
	第4問		20	整数の性質
	第5問		20	図形の性質

■対策

共通テストでは，単に計算を正確に行ったり，定理や公式を正しく活用したりする力が求められるだけではなく，「日常の事象や複雑な問題をどのように解決するか」「発見した解き方や考え方をどのように活かすか」といった見方ができるかも問われている。これまでの共通テストを踏まえ，以下に対策をまとめたので，日々の学習や，本書を用いた演習を進めるときの参考にしてほしい。

●「求めること」から必要な情報を探す

2023年度本試験の第2問〔2〕では，シュートを打つ高さとボールの軌道の関係を2次関数を用いて調べるために，右のような仮定が行われている。図も用意されていたが，仮定の文章だけでも15行にわたり，考察を進めるためには何をどのように置き換えて考えるかをこの中から正しく読み取る必要がある。

仮定の複雑さや多さに混乱しそうなときには，まずは**「求めることは何か」**を確認し，次に**「求めるためにはどんなことがわかればよいか」**と逆算して考える方法もある。例えば，本問の(1)はx^2の係数をaとするときの放物線C_1の方程式を求めるものだったが，これを先に把握しておけば

「C_1が通る点が2つわかれば，式が求められるな。通る点の情報を探してみよう。」

「C_1の頂点がわかるなら1点だけで十分だ。頂点の座標がわかるような情報はないのかな。」

のように探すものを絞って仮定を読み進めることができる。

> **仮定**
> - 平面上では，ボールを直径0.2の円とする。
> - リングを真横から見たときの左端を点A(3.8, 3)，右端を点B(4.2, 3)とし，リングの太さは無視する。
> - ボールがリングや他のものに当たらずに上からリングを通り，かつ，ボールの中心とAB の中点M(4, 3)を通る場合を考える。ただし，ボールがリングに当たるとは，ボールの中心とAまたはBとの距離が0.1以下になることとする。
> - プロ選手がシュートを打つ場合のボールの中心を点Pとし，Pは，はじめに点P_0(0, 3)にあるものとする。また，P_0，Mを通る，上に凸の放物線をC_1とし，PはC_1上を動くものとする。
> - 花子さんがシュートを打つ場合のボールの中心を点Hとし，Hは，はじめに点H_0(0, 2)にあるものとする。また，H_0，Mを通る，上に凸の放物線をC_2とし，HはC_2上を動くものとする。
> - 放物線C_1やC_2に対して，頂点のy座標を「シュートの高さ」とし，頂点のx座標を「ボールが最も高くなるときの地上の位置」とする。

---

(1) 放物線C_1の方程式におけるx^2の係数をaとする。放物線C_1の方程式は

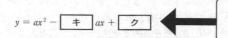

と表すことができる。また，プロ選手の「シュートの高さ」は

← 通る点の座標がわかれば求められる。
→ C_1の座標についての仮定を探してみよう！

また，2022年度追試験第1問〔2〕でも，はしご車のはしごが届く条件を考察する問題が出題され，「はしごの長さ」や「フェンスの高さ」についての情報を正しく読み取る必要があった。

本来であれば，数学を用いて日常の問題を解決する際には，仮定そのものを自分で適切に決める必要があるが，共通テストではこれらの**仮定があらかじめ決められている**場合が多い。「わかっていること」と「求めること」の2つの視点から状況を整理してみよう。

●「変わるもの」と「変わらないもの」に注目する

　2023年度本試験の第5問では，(1)で円と直線が交わる場合について考察した後，(2)で円と直線が交わらない場合について考察するという出題がされた。(1)と(2)の手順が似ていることから，<u>(1)の考察を(2)に応用する</u>ことができる。

　このようなときには，前後の問題文や考え方で「**変わるもの**」と「**変わらないもの**」の2つに分けて考えてみてもよいだろう。点の位置や名前が変わっている一方で，(1)と(2)の図をかいて見比べて
<u>「角度の関係は変わっていないものが多いから，(1)と同じように5点を通る円がかけるのではないか？」</u>
と考えられると，解決の見通しが立てやすい。

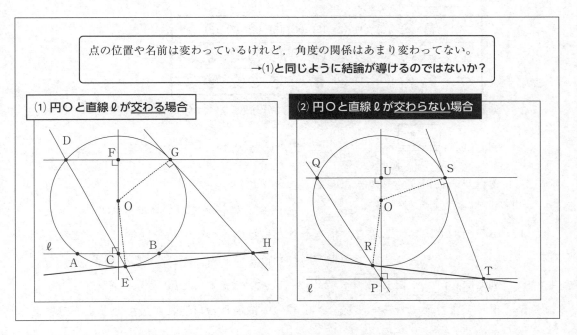

　問題の流れの中で「正の数から負の数へ」「整数から有理数へ」「鋭角から鈍角へ」のように，条件が変わってもそのまま成り立つ性質を利用することもある。特定の条件のもとで考えた後には，「<u>どのような条件までなら成り立つ性質か</u>」に注意しておこう。

■最後に

　共通テストでは，「日常や社会の事象」と「数学の事象」の2種類の事象を題材に

☑　問題を**数理的（数学的）に捉える**こと
☑　問題解決に向けて，**構想・見通しを立てる**こと
☑　焦点化した問題を**解決する**こと
☑　解決過程をもとに，**結果を意味づけたり，概念を形成したり，体系化する**こと

の4つの資質能力が問われている。このような資質能力が問われていることを意識しながら，「この問題は前後の問題とどのようなつながりがあるのだろう？」と考え，問題の流れを掴んでいこう。

　本書でも，この4つの資質能力を問うような問題を多く扱っている。最初は難しく感じるかもしれないが，問題のポイントがどこにあるかを探りながら解き，力をつけていってほしい。

解答上の注意

1 解答は，解答用紙の問題番号に対応した解答欄にマークしなさい。

2 問題の文中の ア ，イウ などには，符号(−，±)又は数字(0〜9)が入ります。ア，イ，ウ，…の一つ一つは，これらのいずれか一つに対応します。それらを解答用紙のア，イ，ウ，…で示された解答欄にマークして答えなさい。

例 アイウ に −83 と答えたいとき

ア	●	±	0	1	2	3	4	5	6	7	8	9
イ	−	±	0	1	2	3	4	5	6	7	●	9
ウ	−	±	0	1	2	●	4	5	6	7	8	9

3 分数形で解答する場合，分数の符号は分子につけ，分母につけてはいけません。

例えば， $\dfrac{エオ}{カ}$ に $-\dfrac{4}{5}$ と答えたいときは， $\dfrac{-4}{5}$ として答えなさい。

また，それ以上約分できない形で答えなさい。

例えば， $\dfrac{3}{4}$ と答えるところを， $\dfrac{6}{8}$ のように答えてはいけません。

4 小数の形で解答する場合，指定された桁数の一つ下の桁を四捨五入して答えなさい。また，必要に応じて，指定された桁まで ⓪ にマークしなさい。

例えば， キ . クケ に 2.5 と答えたいときは，2.50 として答えなさい。

5 根号を含む形で解答する場合，根号の中に現れる自然数が最小となる形で答えなさい。

例えば， コ √ サ に $4\sqrt{2}$ と答えるところを，$2\sqrt{8}$ のように答えてはいけません。

6 根号を含む分数形で解答する場合，例えば $\dfrac{シ + ス \sqrt{セ}}{ソ}$ に $\dfrac{3+2\sqrt{2}}{2}$ と答えるところを，$\dfrac{6+4\sqrt{2}}{4}$ や $\dfrac{6+2\sqrt{8}}{4}$ のように答えてはいけません。

7 問題の文中の二重四角で表記された タ などには，選択肢から一つを選んで，答えなさい。

8 なお，同一の問題文中に チツ ， テ などが2度以上現れる場合，原則として，2度目以降は， チツ ， テ のように細字で表記します。

— 12 —

模試　第1回

$\left(\begin{array}{c}100点\\70分\end{array}\right)$

〔数学 I・A〕

注　意　事　項

1　数学解答用紙（模試 第1回）をキリトリ線より切り離し，試験開始の準備をしなさい。

2　時間を計り，上記の解答時間内で解答しなさい。

　ただし，納得のいくまで時間をかけて解答するという利用法でもかまいません。

3　第1問，第2問は必答。第3問～第5問から2問選択。計4問を解答しなさい。

4　この回の模試の問題は，このページを含め，25ページあります。

5　解答用紙には解答欄以外に受験番号欄，氏名欄，試験場コード欄，解答科目欄があります。解答科目欄は解答する科目を一つ選び，マークしなさい。その他の欄は自分自身で本番を想定し，正しく記入し，マークしなさい。

6　解答は解答用紙の解答欄にマークしなさい。

7　選択問題については，解答する問題を決めたあと，その問題番号の解答欄に解答しなさい。ただし，指定された問題数をこえて解答してはいけません。

8　問題の余白は適宜利用してよいが，どのページも切り離してはいけません。

第1問 （必答問題）（配点　30）

〔1〕

(1) 三つの異なる実数 a, b, c が

$$a^2 - bc = b^2 - ca = c^2 - ab = 10 \quad \cdots\cdots\cdots\cdots\cdots\cdots ①$$

を満たしている。

(i) $a^2 + b^2 + c^2 - ab - bc - ca = \boxed{\text{アイ}}$ である。

(ii) ①より

$$a^2 - b^2 + ca - bc = 0$$

であり，左辺を因数分解すると

$$a^2 - b^2 + ca - bc = \left(\boxed{\text{ウ}}\right)\left(\boxed{\text{エ}}\right)$$

である。ただし，$\boxed{\text{ウ}} \neq 0$ とする。

よって，$\boxed{\text{エ}} = 0$ であることがわかる。

$\boxed{\text{ウ}}$, $\boxed{\text{エ}}$ の解答群

⓪　$a+b$	①　$b+c$
②　$c+a$	③　$a-b$
④　$b-c$	⑤　$c-a$
⑥　$a+b+c$	⑦　abc
⑧　$a^2+b^2+c^2$	⑨　$ab+bc+ca$

（数学 I・数学 A 第1問は次ページに続く。）

— ① - 2 —

(iii) (i)，(ii)より

$$a^2 + b^2 + c^2 = \boxed{\text{オカ}}$$

である。

(2) 三つの異なる実数 a，b，c が

$$a^2 + bc = b^2 + ca = c^2 - ab = 10$$

を満たすとき，$a^2 + b^2 + c^2 = \boxed{\text{キク}}$ である。

（数学Ⅰ・数学Ａ第1問は次ページに続く。）

〔2〕 円周率 π は円の直径に対する円周の長さの比率であり，無理数である。これまでに，多くの数学者がより正確な値を求めるために工夫してきた。その工夫の一つとして，半径 1 の円に内接する正多角形をかいて，円と正多角形の面積を比較する方法がある。太郎さんと花子さんは，この方法を使って，円周率 π の値を考えている。

> 太郎：まず，半径 1 の円に内接する正十二角形を考えてみよう。
> 花子：円の面積は，正十二角形の面積より大きいね。このことを式に表せばいいね。

(1) 半径 1 の円に内接する正十二角形の面積を S_{12} とする。

図 1 の △OAB の面積は $\dfrac{ケ}{コ}$ であるから

$$S_{12} = \boxed{サ}$$

である。半径 1 の円の面積は π より

$$\pi > S_{12}$$

を満たし，$\pi > \boxed{サ}$ であることがわかる。

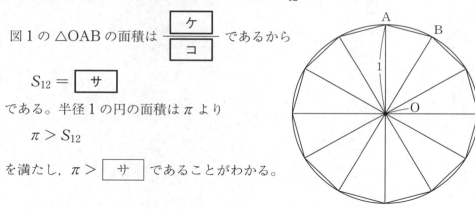

図 1

(2) より正確な値を求めるためには，正多角形の面積を円の面積に近づければよいと考え，二人は，半径 1 の円に内接する正二十四角形を考えることにした。

この正二十四角形の面積を S_{24} とすると

$$S_{24} = \boxed{シス} \sin 15°$$

である。

（数学 I・数学 A 第 1 問は次ページに続く。）

花子：正二十四角形の面積を求めるためには，sin 15° の値が必要だね。
太郎：図 2 を用いれば，三角比の表を使わなくても，sin 15° の値がわかるよ。

図 2 の △OCD は，OC = OD = 1，∠COD = 30° の二等辺三角形である。
$$CD = \boxed{セ} \sin 15°$$
であり，△OCD において
$$CD^2 = \boxed{ソ} - \sqrt{\boxed{タ}}$$
である。よって
$$\left(\boxed{セ} \sin 15°\right)^2 = \boxed{ソ} - \sqrt{\boxed{タ}}$$
であり，sin 15° の値を小数第 4 位まで求めると 0.2588 となる。

図 2

この値を用いると，$S_{24} = 3.1056$ であり，$\pi > S_{24}$ より，$\pi > 3.1056$ であることがわかる。

(3) 半径 1 の円に内接する正 n 角形の面積を S_n とすると
$$S_n = \boxed{チ} \sin \frac{\boxed{ツテト}°}{n}$$
である。

よって，n = 60 のとき，7 ページの三角比の表を用いて計算すると
$$S_{60} = 3.1\boxed{ナニ}$$
となり，$\pi > 3.1\boxed{ナニ}$ であることがわかる。

$\boxed{チ}$ の解答群

| ⓪ $\frac{n}{4}$ | ① $\frac{n}{2}$ | ② n | ③ $2n$ | ④ $4n$ |

(数学 I・数学 A 第 1 問は次ページに続く。)

(4)

太郎：半径 1 の円に内接する正多角形を考えると，円周率 π はある値より大きいことがわかるね。

花子：それに対して，半径 1 の円に外接する正多角形を考えると，円周率 π はある値より小さいことがわかりそうだよ。確認してみよう。

半径 1 の円に外接する正 n 角形の面積を T_n とすると，$T_n = \boxed{\text{ヌ}}$ である。半径 1 の円の面積は π であるから

$$\pi < T_n$$

を満たす。

よって，$n = 60$ のとき，7 ページの三角比の表を用いて計算すると

$$T_{60} = 3.1\boxed{\text{ネノ}}$$

となり，$\pi < 3.1\boxed{\text{ネノ}}$ であることがわかる。

$\boxed{\text{ヌ}}$ の解答群

⓪ $n \sin \dfrac{180°}{n}$　　　　　① $n \sin \dfrac{360°}{n}$

② $n \tan \dfrac{180°}{n}$　　　　　③ $n \tan \dfrac{360°}{n}$

④ $\dfrac{n}{\tan \dfrac{180°}{n}}$　　　　　⑤ $\dfrac{n}{\tan \dfrac{360°}{n}}$

⑥ $2n \sin \dfrac{180°}{n}$　　　　⑦ $2n \sin \dfrac{360°}{n}$

⑧ $2n \tan \dfrac{180°}{n}$　　　　⑨ $\dfrac{2n}{\tan \dfrac{180°}{n}}$

（数学 I・数学 A 第 1 問は次ページに続く。）

三角比の表

角	正弦 (sin)	余弦 (cos)	正接 (tan)	角	正弦 (sin)	余弦 (cos)	正接 (tan)
0°	0.0000	1.0000	0.0000	45°	0.7071	0.7071	1.0000
1°	0.0175	0.9998	0.0175	46°	0.7193	0.6947	1.0355
2°	0.0349	0.9994	0.0349	47°	0.7314	0.6820	1.0724
3°	0.0523	0.9986	0.0524	48°	0.7431	0.6691	1.1106
4°	0.0698	0.9976	0.0699	49°	0.7547	0.6561	1.1504
5°	0.0872	0.9962	0.0875	50°	0.7660	0.6428	1.1918
6°	0.1045	0.9945	0.1051	51°	0.7771	0.6293	1.2349
7°	0.1219	0.9925	0.1228	52°	0.7880	0.6157	1.2799
8°	0.1392	0.9903	0.1405	53°	0.7986	0.6018	1.3270
9°	0.1564	0.9877	0.1584	54°	0.8090	0.5878	1.3764
10°	0.1736	0.9848	0.1763	55°	0.8192	0.5736	1.4281
11°	0.1908	0.9816	0.1944	56°	0.8290	0.5592	1.4826
12°	0.2079	0.9781	0.2126	57°	0.8387	0.5446	1.5399
13°	0.2250	0.9744	0.2309	58°	0.8480	0.5299	1.6003
14°	0.2419	0.9703	0.2493	59°	0.8572	0.5150	1.6643
15°	0.2588	0.9659	0.2679	60°	0.8660	0.5000	1.7321
16°	0.2756	0.9613	0.2867	61°	0.8746	0.4848	1.8040
17°	0.2924	0.9563	0.3057	62°	0.8829	0.4695	1.8807
18°	0.3090	0.9511	0.3249	63°	0.8910	0.4540	1.9626
19°	0.3256	0.9455	0.3443	64°	0.8988	0.4384	2.0503
20°	0.3420	0.9397	0.3640	65°	0.9063	0.4226	2.1445
21°	0.3584	0.9336	0.3839	66°	0.9135	0.4067	2.2460
22°	0.3746	0.9272	0.4040	67°	0.9205	0.3907	2.3559
23°	0.3907	0.9205	0.4245	68°	0.9272	0.3746	2.4751
24°	0.4067	0.9135	0.4452	69°	0.9336	0.3584	2.6051
25°	0.4226	0.9063	0.4663	70°	0.9397	0.3420	2.7475
26°	0.4384	0.8988	0.4877	71°	0.9455	0.3256	2.9042
27°	0.4540	0.8910	0.5095	72°	0.9511	0.3090	3.0777
28°	0.4695	0.8829	0.5317	73°	0.9563	0.2924	3.2709
29°	0.4848	0.8746	0.5543	74°	0.9613	0.2756	3.4874
30°	0.5000	0.8660	0.5774	75°	0.9659	0.2588	3.7321
31°	0.5150	0.8572	0.6009	76°	0.9703	0.2419	4.0108
32°	0.5299	0.8480	0.6249	77°	0.9744	0.2250	4.3315
33°	0.5446	0.8387	0.6494	78°	0.9781	0.2079	4.7046
34°	0.5592	0.8290	0.6745	79°	0.9816	0.1908	5.1446
35°	0.5736	0.8192	0.7002	80°	0.9848	0.1736	5.6713
36°	0.5878	0.8090	0.7265	81°	0.9877	0.1564	6.3138
37°	0.6018	0.7986	0.7536	82°	0.9903	0.1392	7.1154
38°	0.6157	0.7880	0.7813	83°	0.9925	0.1219	8.1443
39°	0.6293	0.7771	0.8098	84°	0.9945	0.1045	9.5144
40°	0.6428	0.7660	0.8391	85°	0.9962	0.0872	11.4301
41°	0.6561	0.7547	0.8693	86°	0.9976	0.0698	14.3007
42°	0.6691	0.7431	0.9004	87°	0.9986	0.0523	19.0811
43°	0.6820	0.7314	0.9325	88°	0.9994	0.0349	28.6363
44°	0.6947	0.7193	0.9657	89°	0.9998	0.0175	57.2900
45°	0.7071	0.7071	1.0000	90°	1.0000	0.0000	—

第2問 （必答問題）（配点 30）

〔1〕 日本の総合食料自給率が約 40 ％と聞いた太郎さんと花子さんは，日本の食料自給率の状況を知るために，基礎的な状況を整理することにした。

以下は，データを集め，分析しているときの二人の会話である。

> 太郎：総合食料自給率は 40 ％だけど，食品によって違いはあるかな。消費量の多い食品について調べてみよう。
>
> 花子：消費量の多い食品 A と食品 B の 1990 年から 2016 年の消費量の推移と生産量の推移をグラフにすると，それぞれ図 1，図 2 になるよ。
>
> 太郎：消費量と生産量の差を輸入に頼っているわけだね。

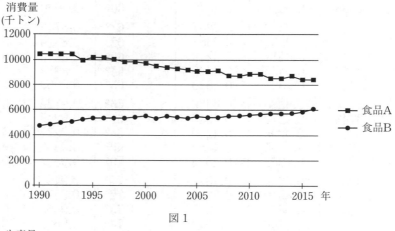

図 1

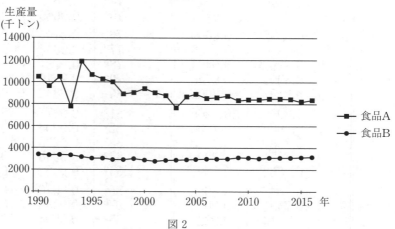

図 2

（出典：図 1，図 2 はともに『食料需給表』（e-Stat）をもとに作成）

（数学Ⅰ・数学 A 第 2 問は次ページに続く。）

以後の問いでは，食品別の自給率は消費量における生産量の割合で計算する。

(1) 次の ⓪〜④ のうち，図 1，図 2 から読み取れることとして正しいものは ア である。

ア の解答群

⓪ 食品 B はつねに消費量の 50 ％以上を輸入に頼っている。

① 食品 A の生産量は天候の影響により変化する。

② 食品 B の生産量は天候の影響により変化しない。

③ 食品 A はつねに生産量が消費量を上回っている。

④ 食品 B は消費量が増えているが，生産量が追いついていない。

(2) 図 1，図 2 より，食品 A は食品 B に比べて自給率は イ が，食品 A の消費量は ウ のに対し，食品 B の消費量は エ ことが読み取れる。

イ の解答群

⓪ 高い   ① 低い

ウ ， エ の解答群（同じものを繰り返し選んでもよい。）

⓪ 増加している   ① 減少している   ② 変化していない

(数学 I・数学 A 第 2 問は次ページに続く。)

— ① — 9 —

太郎：食生活の変化により食料自給率も変わっていくんだね。
花子：いろいろな食品について，消費量と生産量の関係を調べてみようよ。
太郎：小麦を調べてみたよ。1990年から2016年の各年の小麦の消費量と生産量，輸入量を散布図にすると，それぞれ図3，図4になるよ。
花子：小麦の生産量の推移のグラフは図5だよ。

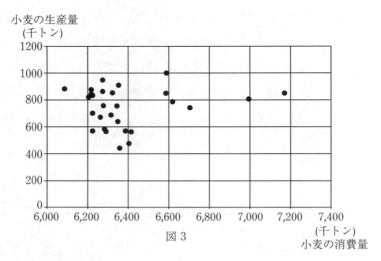

図3

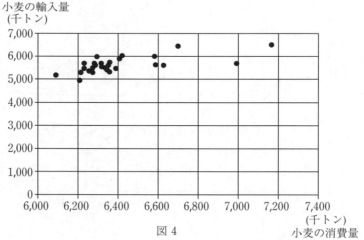

図4

(出典：図3，図4はともに『食料需給表』(e-Stat) をもとに作成)

(数学 I・数学 A 第2問は次ページに続く。)

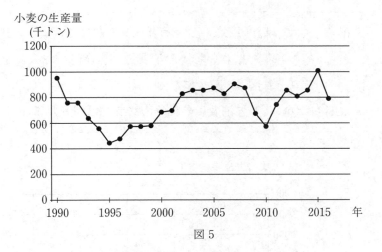

図5

(出典:『食料需給表』(e-Stat)をもとに作成)

(3) 図3,図4より,小麦の消費量と生産量の相関係数,小麦の消費量と輸入量の相関係数の組合せとして正しいものは オ である。

オ については,最も適当なものを,次の ⓪〜④ のうちから一つ選べ。

⓪ 消費量と生産量:0.82, 消費量と輸入量:0.91
① 消費量と生産量:0.85, 消費量と輸入量:0.24
② 消費量と生産量:0.16, 消費量と輸入量:0.70
③ 消費量と生産量:−0.32, 消費量と輸入量:−0.81
④ 消費量と生産量:−0.79, 消費量と輸入量:−0.23

1990年から2016年の各年の小麦の自給率の範囲は カ である。

カ については,最も適当なものを,次の ⓪〜④ のうちから一つ選べ。

⓪ 5%未満
① 5%以上 20%未満
② 20%以上 35%未満
③ 35%以上 50%未満
④ 50%以上

(数学Ⅰ・数学A 第2問は次ページに続く。)

花子：次は，ばれいしょ（ジャガイモ）を調べてみよう。1990年から2016年の各年のばれいしょの消費量と生産量，輸入量を散布図にするとそれぞれ図6，図7になるよ。

太郎：ばれいしょの消費量の推移のグラフは図8だよ。

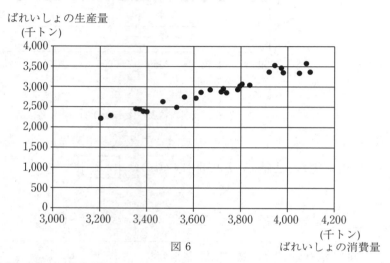

図6

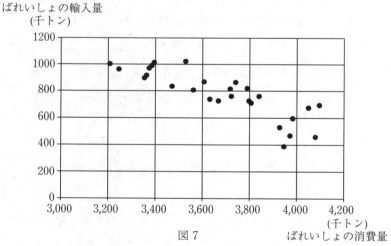

図7

（出典：図6，図7はともに『食料需給表』（e-Stat）をもとに作成）

（数学Ⅰ・数学A 第2問は次ページに続く。）

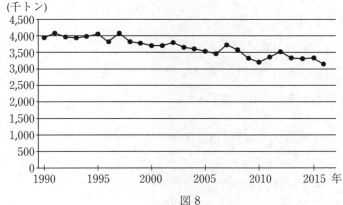

図8

（出典：『食料需給表』（e-Stat）をもとに作成）

(4) 次の ⓪〜③ のうち，図6，図7，図8 から読み取れることとして正しいものは キ である。

キ の解答群

⓪ ばれいしょの生産量は増加傾向にある。
① ばれいしょの輸入量は増加傾向にある。
② ばれいしょの消費量と生産量には負の相関関係がある。
③ ばれいしょの消費量が多いと，生産量も輸入量も増加する傾向がある。

（数学Ⅰ・数学A 第2問は次ページに続く。）

〔2〕 毎秒 a m の速さで物体を真上に投げ上げたとき，投げてから x 秒後の物体の高さ y m は，およそ

$$y = ax - 5x^2$$

で表される。ただし，物体を投げ上げる際の最初の高さを 0 m とし，風や空気抵抗は考えないものとする。

この関係式を利用して，次の二つの実験について考える。

(1) まず，次の**実験1**を行う。

> ┌─ **実験1** ─────────────────────
>
> 校庭で，打ち上げ装置を使ってボールを真上に打ち上げる。打ち上げた瞬間のボールの速さを変えたとき，ボールを打ち上げてから地面に落ちるまでの時間を計測する。ただし，ボールを打ち上げる際の最初の高さを 0 m とする。

(i) ボールを打ち上げてから地面に落ちるまでの時間が 2 秒であったとき，打ち上げた瞬間のボールの速さは毎秒 クケ m であり，ボールが到達する最高点の高さは コ m である。

(ii) 打ち上げた瞬間のボールの速さを 2 倍にすると，ボールを打ち上げてから地面に落ちるまでの時間は サ 倍になり，ボールが到達する最高点の高さは シ 倍になる。

サ ， シ の解答群（同じものを繰り返し選んでもよい。）

⓪ $\dfrac{1}{4}$	① $\dfrac{1}{2}$	② 1	③ 2	④ 4

（数学 I・数学 A 第 2 問は次ページに続く。）

(2) 続いて，次の**実験 2** を行う。

実験 2

天井の高さが h m の体育館で，打ち上げ装置を使ってボールを真上に打ち上げる。ただし，ボールを打ち上げる際の最初の高さを 0 m とする。

(i) 打ち上げた瞬間のボールの速さ a が $a \geqq$ 　ス　 を満たすとき，ボールは天井にぶつかる。

　ス　 の解答群

⓪ $\sqrt{5}h$	① $2\sqrt{5}h$	② $10h$
③ $\sqrt{5h}$	④ $2\sqrt{5h}$	⑤ $10\sqrt{h}$

(ii) ボールを打ち上げてから天井にぶつかるまでの時間を測ることで，体育館の天井の高さを計算することにした。

打ち上げた瞬間のボールの速さが毎秒 20 m であったとき，打ち上げ装置のある位置でボールが天井にぶつかる音が聞こえたのは，ボールを打ち上げてから 0.63 秒後であった。音が空気中を伝わる速さを毎秒 340 m とするとき，ボールを打ち上げてから天井にぶつかるまでの時間は 　セ　 秒であり，体育館の天井の高さは 　ソ　 m である。

　セ　 については，最も適当なものを，次の ⓪～④ のうちから一つ選べ。

⓪ 0.56	① 0.58	② 0.60	③ 0.62	④ 0.63

　ソ　 については，最も適当なものを，次の ⓪～⑦ のうちから一つ選べ。

⓪ 8.7	① 9.3	② 9.6	③ 10.2
④ 10.5	⑤ 10.9	⑥ 11.1	⑦ 11.4

第3問～第5問は，いずれか2問を選択し，解答しなさい。

第3問 （選択問題）（配点 20）

赤球と白球が入っている袋がある。次の**操作**について考えよう。

操作

　袋から球を1個取り出し，その色を確認してから袋に戻す。さらに，取り出した球と同じ色の球を1個袋に追加する。

この**操作**を繰り返し行うとき，k 回目に赤球を取り出す確率を P_k とする。

(1) 最初に袋の中に赤球2個と白球1個が入っているとする。

$$P_1 = \frac{\boxed{ア}}{\boxed{イ}}$$ である。また，1回目に赤球が取り出され，2回目にも赤球が取り出される確率は $\dfrac{\boxed{ウ}}{\boxed{エ}}$ である。

（数学Ⅰ・数学A 第3問は次ページに続く。）

(2) 最初に袋の中に赤球 a 個と白球 b 個が入っているとする。

1 回目に赤球が取り出され，2 回目にも赤球が取り出される確率は オ であり，1 回目に白球が取り出され，2 回目には赤球が取り出される確率は カ である。

これらを用いて計算すると，袋に入っている球の個数によらず，$P_1 = P_2$ であることがいえる。

オ , カ の解答群（同じものを繰り返し選んでもよい。）

⓪ $\dfrac{a^2}{(a+b)(a+b+1)}$ ① $\dfrac{a(a+1)}{(a+b)(a+b+1)}$

② $\dfrac{(a+1)^2}{(a+b)(a+b+1)}$ ③ $\dfrac{ab}{(a+b)(a+b+1)}$

④ $\dfrac{a(b+1)}{(a+b)(a+b+1)}$ ⑤ $\dfrac{b(a+1)}{(a+b)(a+b+1)}$

⑥ $\dfrac{(a+1)(b+1)}{(a+b)(a+b+1)}$

（数学 I・数学 A 第 3 問は次ページに続く。）

(3) 最初に袋の中に赤球 a 個と白球 b 個が入っているとする。

このときの確率 P_3 を，3 回目に取り出す球が，2 回目の操作で追加した球か，2 回目の操作で球を追加する前からあった球かによって場合を分けて考えよう。

2 回目の操作で追加した 1 個の球を X とする。3 回目に球 X を取り出す確率は ┃ キ ┃ であり，X が赤球である確率は ┃ ク ┃ である。

よって，3 回目に取り出す球が X であり，かつそれが赤球である確率は ┃ キ ┃ × ┃ ク ┃ である。

3 回目に取り出す球が X でないときについても同様に考えることで，$P_3 =$ ┃ ケ ┃ と求められる。

(数学 I・数学 A 第 3 問は次ページに続く。)

$\boxed{キ}$ の解答群

⓪ $\dfrac{1}{a+b+1}$ ① $\dfrac{1}{a+b+2}$ ② $\dfrac{a}{a+b+1}$ ③ $\dfrac{a}{a+b+2}$

④ $\dfrac{b}{a+b+1}$ ⑤ $\dfrac{b}{a+b+2}$ ⑥ $\dfrac{a+1}{a+b+1}$ ⑦ $\dfrac{a+1}{a+b+2}$

⑧ $\dfrac{b+1}{a+b+1}$ ⑨ $\dfrac{b+1}{a+b+2}$

$\boxed{ク}$ の解答群

⓪ P_2 ① $(a+b+1)P_2$ ② $(a+b+2)P_2$

③ $\dfrac{P_2}{a+b+1}$ ④ $\dfrac{P_2}{a+b+2}$

$\boxed{ケ}$ の解答群

⓪ $\dfrac{a}{a+b}$ ① $\dfrac{b}{a+b}$ ② $\dfrac{a}{a+b+1}$ ③ $\dfrac{b}{a+b+1}$

④ $\dfrac{a^3}{(a+b)^3}$ ⑤ $\dfrac{ab}{(a+b)^3}$ ⑥ $\dfrac{b^3}{(a+b)^3}$

⑦ $\dfrac{a^3}{(a+b+1)^3}$ ⑧ $\dfrac{ab}{(a+b+1)^3}$ ⑨ $\dfrac{b^3}{(a+b+1)^3}$

第3問～第5問は，いずれか2問を選択し，解答しなさい。

第4問 （選択問題）（配点 20）

太郎さんと花子さんは，1次不定方程式に関する次の**問題**について考えている。

> 問題 不定方程式 $15x - 37y = 3$ のすべての整数解 x, y を求めよ。

(1) 太郎さんは，この**問題**を解くために，次の構想を立てた。

> **太郎さんの構想**
>
> 15 と 37 は互いに素であるから，方程式 $15x - 37y = 1$ を満たす x, y の値を一つ求めることができる。
>
> $x = s$, $y = t$ が方程式 $15x - 37y = 1$ を満たすとき，ア を利用して，方程式 $15x - 37y = 3$ の整数解を求める。

ア の解答群

⓪	$x = s$, $y = t$ は方程式 $15x - 37y = 3$ も満たすこと
①	$x = 3s$, $y = 3t$ も方程式 $15x - 37y = 1$ を満たすこと
②	$x = 3s$, $y = 3t$ は方程式 $15x - 37y = 3$ を満たすこと
③	$x = \dfrac{1}{3}s$, $y = \dfrac{1}{3}t$ も方程式 $15x - 37y = 1$ を満たすこと
④	$x = \dfrac{1}{3}s$, $y = \dfrac{1}{3}t$ は方程式 $15x - 37y = 3$ を満たすこと

（数学Ⅰ・数学A 第4問は次ページに続く。）

太郎さんの構想をもとに解くと

$$37 = 15 \times 2 + 7, \quad 15 = 7 \times 2 + 1$$

より，$x = \boxed{\text{イ}}$，$y = \boxed{\text{ウ}}$ は方程式 $15x - 37y = 1$ を満たす。

よって，方程式 $15x - 37y = 3$ を満たす x，y の値について

$$15\left(x - \boxed{\text{エオ}}\right) = 37\left(y - \boxed{\text{カ}}\right)$$

であり，15 と 37 は互いに素であるから，方程式 $15x - 37y = 3$ の整数解は，k を整数として

$$x = \boxed{\text{キク}}\,k + \boxed{\text{エオ}}, \quad y = \boxed{\text{ケコ}}\,k + \boxed{\text{カ}}$$

（数学 I・数学 A 第 4 問は次ページに続く。）

(2) 花子さんは，太郎さんの構想では，方程式を満たす x，y の組が簡単に見つけられない場合には時間がかかりそうだと考え，異なる構想で考えた。

花子さんの構想

　方程式 $15x - 37y = 3$ について，15，3 は 3 の倍数であるから，$37y$ も 3 の倍数である。

　37 と 3 は互いに素であるから，ℓ を整数として

$$y = 3\ell$$

とおける。このとき

$$x = \frac{37\ell + 1}{5}$$

より，方程式 $15x - 37y = 3$ の整数解は，ℓ を整数として

$$x = \frac{37\ell + 1}{5}, \quad y = 3\ell$$

さらに，x が整数となるような ℓ の値を考える。

---

　　x が整数となるのは，　$\boxed{\text{サ}}$　のときである。

　　$\boxed{\text{サ}}$　については，最も適当なものを，次の ⓪〜④ のうちから一つ選べ。

⓪	ℓ を 5 で割った余りが 1
①	ℓ を 5 で割った余りが 2
②	ℓ を 5 で割った余りが 3
③	ℓ を 5 で割った余りが 4
④	ℓ が 5 の倍数

（数学 I・数学 A 第 4 問は次ページに続く。）

太郎：花子さんは方程式 $15x - 37y = 3$ の両辺を 3 で割った余りを考えたけ
ど，両辺を他の数で割った余りを考えても同じように解けるんじゃない
かな。

方程式 $15x - 37y = 3$ の両辺を 5 で割った余りを考えると，$\boxed{シ}$ であるこ
とがわかる。

$\boxed{シ}$ の解答群

⓪　y を 5 で割った余りは 1   ①　y を 5 で割った余りは 2

②　y を 5 で割った余りは 3   ③　y を 5 で割った余りは 4

④　y は 5 の倍数

(3) 不定方程式 $73x - 28y = 7$ のすべての整数解 x，y は，n を整数として

$$x = \boxed{スセ}\,n + \boxed{ソ}, \quad y = \boxed{タチ}\,n + \boxed{ツテ}$$

と表される。

第3問〜第5問は，いずれか2問を選択し，解答しなさい。

第5問 （選択問題）（配点 20）

右の図のように，大円Oと小円O'が直線XY上の点Tで接している。ただし，2円は直線XYに関して反対側にあるものとする。大円O上の異なる2点A，Bをとり，2直線AT，BTと小円O'のT以外の交点をそれぞれC，Dとする。

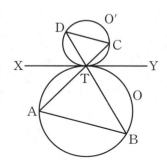

(1) AB∥DC が成り立つことは，次のように証明できる。

大円Oにおいて，大円Oの弦ATと，その端点Tにおける接線TXがつくる∠ATXは ア に等しい。また，小円O'において，小円O'の弦CTと，弦CTと接線TYがつくる∠CTYは イ に等しい。よって，∠ATX＝∠CTYより ア ＝ イ であるからAB∥DCとなる。

ア の解答群

⓪ ∠ABT　　　① ∠BAT　　　② ∠ATB

イ の解答群

⓪ ∠CDT　　　① ∠DCT　　　② ∠CTD

（数学I・数学A 第5問は次ページに続く。）

(2) 以下，AB：CD ＝ 3：2 とする。

(i) 大円 O の半径を r，小円 O′ の半径を r' とすると

$$\frac{r}{r'} = \frac{\boxed{ウ}}{\boxed{エ}}$$

である。

(ii) 直線 AD と直線 BC の交点を E とし，直線 ET と直線 AB の交点を F とすると

$$\frac{ED}{DA} = \boxed{オ}, \qquad \frac{AF}{FB} = \boxed{カ}$$

である。また

$$\frac{AD}{DE} = \frac{\boxed{キ}}{\boxed{ク}}, \qquad \frac{ET}{TF} = \boxed{ケ}$$

である。直線 EF と直線 CD の交点を G とすると

$$EG：GT：TF = \boxed{コサ}：\boxed{シ}：3$$

である。△EAB の面積を S とすると，△DTG の面積は $\dfrac{\boxed{ス}}{\boxed{セソ}}S$ であるこ

とがわかる。

$\boxed{オ}$ の解答群

⓪ $\dfrac{AF}{FB}$	① $\dfrac{FB}{AF}$	② $\dfrac{BC}{CE}$	③ $\dfrac{EC}{CB}$

— ① － 25 —

（下 書 き 用 紙）

模試　第2回

$\left(\begin{array}{c}100点\\70分\end{array}\right)$

〔数学 I・A〕

注　意　事　項

1　数学解答用紙（模試 第2回）をキリトリ線より切り離し，試験開始の準備をしなさい。

2　時間を計り，上記の解答時間内で解答しなさい。

　ただし，納得のいくまで時間をかけて解答するという利用法でもかまいません。

3　第1問，第2問は必答。第3問～第5問から2問選択。計4問を解答しなさい。

4　この回の模試の問題は，このページを含め，28ページあります。

5　解答用紙には解答欄以外に受験番号欄，氏名欄，試験場コード欄，解答科目欄があります。解答科目欄は解答する科目を一つ選び，マークしなさい。その他の欄は自分自身で本番を想定し，正しく記入し，マークしなさい。

6　解答は解答用紙の解答欄にマークしなさい。

7　選択問題については，解答する問題を決めたあと，その問題番号の解答欄に解答しなさい。ただし，指定された問題数をこえて解答してはいけません。

8　問題の余白は適宜利用してよいが，どのページも切り離してはいけません。

第 1 問 （必答問題）（配点 30）

〔1〕 a を定数とする。x の関数

$$f(x) = (a^2 - 3a + 2)x - 4a + 8$$

について考える。

$f(x)$ の右辺を変形すると

$$\left(a - \boxed{\text{ア}}\right)\left(a - \boxed{\text{イ}}\right)x - \boxed{\text{ウ}}\left(a - \boxed{\text{エ}}\right)$$

となる。ただし，$\boxed{\text{ア}} < \boxed{\text{イ}}$ とする。

(1) x の方程式 $f(x) = 0$ の実数解について

- $a = \boxed{\text{ア}}$ のとき，$\boxed{\text{オ}}$ 。

- $a = \boxed{\text{イ}}$ のとき，$\boxed{\text{カ}}$ 。

$\boxed{\text{オ}}$，$\boxed{\text{カ}}$ の解答群（同じものを繰り返し選んでもよい。）

⓪ ただ一つの実数解をもつ

① 実数解をもたない

② すべての実数 x が解である

---

(2) $a < \boxed{\text{ア}}$ のとき，$2 \leqq x \leqq 9$ における $f(x)$ の最大値を a を用いて表すと

$$\boxed{\text{キ}}\, a^2 - \boxed{\text{クケ}}\, a + \boxed{\text{コサ}}$$

である。

（数学 I・数学 A 第 1 問は次ページに続く。）

〔2〕 以下の問題を解答するにあたっては，必要に応じて 5 ページの三角比の表を用いてもよい。

地震保険は，地震等によって対象となる建物が損害を受けた場合に保険金を支払う保険制度である。

ある会社の地震保険では，損害の度合いを「損害なし」，「一部損」，「小半損」，「大半損」，「全損」と 5 段階に分け，そのそれぞれにおいて定められた割合の保険金が支払われる。「損害なし」と判断された場合は，保険は適用されない。

建物の傾きは損害の度合いを判断するための指標の一つであるが，ここでは，それによってのみ損害の度合いが決定することとする。

損害の度合いの 5 段階は，地面の垂直方向から外壁が何度傾いているかによって，以下のように判断される。ただし，地面は常に水平であるものとして考える。

傾き	損害の度合い
0.2° 以下の場合	損害なし
0.2° より大きく 0.5° 以下の場合	一部損
0.5° より大きく 0.8° 以下の場合	小半損
0.8° より大きく 1.0° 以下の場合	大半損
1.0° より大きい場合	全損

(数学 I・数学 A 第 1 問は次ページに続く。)

太郎さんと花子さんは，ひもの先に鋭利な重りをつけたものを作り，三角比の表を用いてA宅，B宅のそれぞれの建物の傾きを調べることにした。以下，図1のように，壁と地面の交線から重りの先端Pまでの距離を ℓ mm，垂直方向に対する壁の傾きを θ とする。

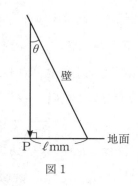

図1

(1) 太郎さんはA宅について，重りの先端Pまでの長さが2mのひもを用いて ℓ の値を測定したところ，$\ell = 14$ (mm) であった。このとき，θ の値はおよそ シ であり，損害の度合いは ス と判断できる。

シ については，最も適当なものを，次の⓪〜④のうちから一つ選べ。

| ⓪ 0.2° | ① 0.3° | ② 0.4° | ③ 0.5° | ④ 0.6° |

ス の解答群

| ⓪ 損害なし | ① 一部損 | ② 小半損 | ③ 大半損 | ④ 全損 |

(数学Ⅰ・数学A 第1問は次ページに続く。)

(2) 花子さんは B 宅について，重りの先端 P までの長さが 1 m のひもを用いて ℓ の値を測定したところ，15 mm 以上，16 mm 以下であることはわかったが，正確な数値は手持ちの定規では計測できなかった。B 宅の損害の度合いは セ と判断できる。

セ の解答群

⓪ 損害なし ① 一部損 ② 小半損 ③ 大半損 ④ 全損

三角比の表

角	正弦（sin）	余弦（cos）	正接（tan）
0.0°	0.0000	1.0000	0.0000
0.1°	0.0017	1.0000	0.0017
0.2°	0.0035	1.0000	0.0035
0.3°	0.0052	1.0000	0.0052
0.4°	0.0070	1.0000	0.0070
0.5°	0.0087	1.0000	0.0087
0.6°	0.0105	0.9999	0.0105
0.7°	0.0122	0.9999	0.0122
0.8°	0.0140	0.9999	0.0140
0.9°	0.0157	0.9999	0.0157
1.0°	0.0175	0.9998	0.0175

（数学 I・数学 A 第 1 問は次ページに続く。）

〔3〕 次の問題を考える。

> **問題** 正三角形 ABC の外接円において，点 C を含まない方の弧 AB 上に点 P がある。このとき，AP + BP = CP であることを示せ。

(1) 次の**構想1**で考えよう。

> **証明の構想1**
>
> 右の図のように，線分 CP 上に AP = PD となる点 D をとって，BP = CD となることを証明する。

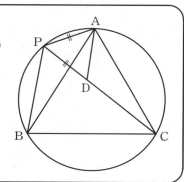

円周角の定理より
$$\angle CPA = \angle CBA = \boxed{ソタ}°$$
である。

線分 CP 上に AP = PD となる点 D をとると，△APD は正三角形なので
　　AD = AP
さらに，∠PAD = ∠BAC = 60° より
　　∠DAC = ∠PAC − 60° = ∠PAB
また，△ABC は正三角形なので
　　AC = AB
以上より，2 組の辺とその間の角がそれぞれ等しいので
　　△ADC ≡ △APB
したがって
　　BP = CD
よって
　　AP + BP = PD + CD = CP

(数学 I・数学 A 第 1 問は次ページに続く。)

(2) 次の**構想2**で考えよう。

┌─**証明の構想2**─────────────────┐
∠CPA = ソタ °, ∠CPB = チツ ° である。

これと CA = BC を合わせると，△PCA と △PBC において，余弦定理より，AP, BP, CP が満たす関係式が得られる。
└──────────────────────────┘

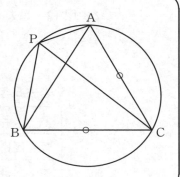

△PBC に余弦定理を用いると，BC² = テ である。

CA = BC より

　　ト 　または　AP + BP − CP = 0

　　ト のとき，∠PAC = ナニ ° であるから

　　AP : CP = 1 : ヌ

したがって， ト と CP = ヌ AP より

　　AP + BP = CP

よって，点 P の位置によらず，AP + BP = CP である。

テ の解答群

⓪	BP² + CP² − √3 BP·CP	①	BP² + CP² + √3 BP·CP
②	BP² + CP² − √2 BP·CP	③	BP² + CP² + √2 BP·CP
④	BP² + CP² − BP·CP	⑤	BP² + CP² + BP·CP
⑥	BP² + CP² − 2BP·CP	⑦	BP² + CP² + 2BP·CP

ト の解答群

⓪ AP − BP = 0	① BP − CP = 0	② CP − AP = 0

第2問 （必答問題）（配点 30）

〔1〕 太郎さんと花子さんのクラブは，毎年，文化祭でフランクフルトを販売している。次の表は，過去5年間の販売価格 P（円）と売上本数 Q（本）の実績をまとめたものである。

過去5年間のフランクフルト1本の販売価格と売上本数

年度	2015	2016	2017	2018	2019
販売価格 P（円）	150	190	160	170	180
売上本数 Q（本）	400	315	382	360	338

太郎さんは，過去5年分の販売価格と売上本数の関係を調べるために，図1のように，販売価格を横軸，売上本数を縦軸として分布状況を調べた。

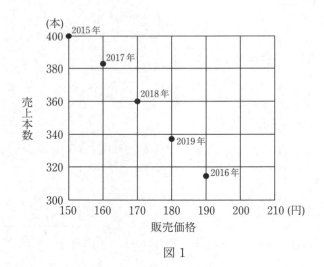

図1

(1) 太郎さんは図1において，2015年と2018年の状況を表す2点を結ぶ直線を，販売価格と売上本数の関係を表しているものと仮定した。

このとき，販売価格を1円上げるごとに，販売本数は $\boxed{\text{ア}}$ 本減ると予測される。

（数学Ⅰ・数学A 第2問は次ページに続く。）

販売価格を 165 円にしたとき

売上本数は $\boxed{\text{イウエ}}$ 本，売上総額は $\boxed{\text{オカキクケ}}$ 円

になると予測できる。

(2) 花子さんは，太郎さんの仮定をもとにして，販売価格を過去 5 年間の最低販売価格 150 円から x 円値上げした $(150 + x)$ 円で売るとき，売上総額 y 円との関係について考えることにした。このとき，x と y の関係として正しいものは $\boxed{\text{コ}}$ である。

$\boxed{\text{コ}}$ の解答群

⓪　y は x の 1 次関数として表され，そのグラフは右上がりの直線になる。
①　y は x の 1 次関数として表され，そのグラフは右下がりの直線になる。
②　y は x の 2 次関数として表され，そのグラフは下に凸の放物線になる。
③　y は x の 2 次関数として表され，そのグラフは上に凸の放物線になる。

(3) 売上総額を最大にするには，販売価格を $\boxed{\text{サシス}}$ 円に設定すればよいと予測できる。

(4) 今年度は次のような目標が設定された。

- 2019 年度の売上本数未満にならないようにする。
- 売上総額を 60800 円以上にする。

この目標が達成できると予測される販売価格 P 円のとり得る値の範囲は

$$\boxed{\text{セソタ}} \leqq P \leqq \boxed{\text{チツテ}}$$

である。

(数学 I・数学 A 第 2 問は次ページに続く。)

—②−9—

〔2〕 小学校を長期間（年間 30 日以上）休んでいる児童がいると聞いた太郎さんと花子さんは，長期欠席児童について基礎的な情報を整理することにした。以下は，都道府県別のデータを集め，分析しているときの二人の会話である。なお，本問題の図は『社会・人口統計体系／教育』(e-Stat)，『全国学力・学習状況調査』（国立教育政策研究所 Web ページ）をもとに作成している。また，以後の問題文では「都道府県」を単に「県」として表記する。

(1)

> 太郎：日本全体の 2015 年の長期欠席児童数は 63091 人だったよ。もっと減らすことはできないかな。
> 花子：長期欠席にはどんな理由があるのかな。
> 太郎：病気や不登校が主な原因みたいだよ。
> 花子：各県の病気欠席児童数と不登校児童数の散布図をつくると図 1 のようになったよ。

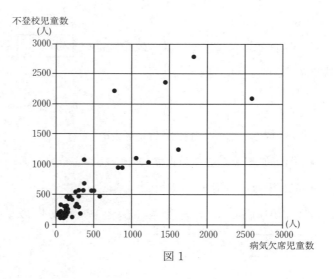

図 1

（数学 I・数学 A 第 2 問は次ページに続く。）

次の ⓪〜⑤ のうち，図1から読み取れることとして正しくないものは ┌ト┐

と ┌ナ┐ である。

┌ト┐， ┌ナ┐ の解答群（解答の順序は問わない。）

⓪　最大値は不登校児童数の方が大きい。

①　不登校児童数が 1000 人以上の県の方が，病気欠席児童数が 1000 人以
上の県よりも多い。

②　半分以上の県で，不登校児童数が病気欠席児童数よりも多い。

③　病気欠席児童数と不登校児童数の合計が 2000 人以上の県は 4 県ある。

④　不登校児童数の第 3 四分位数は 500 人以上である。

⑤　病気欠席児童数の中央値は 500 人以上である。

(数学 I・数学 A 第 2 問は次ページに続く。)

(2)

太郎：病気欠席児童数よりも不登校児童数の方が多いので，不登校児童に焦点を絞って考えることにしようよ。
花子：不登校児童数を減らすために何か対策はあるかな。
太郎：教員数を増やしたらいいんじゃないかな。
花子：教員数と不登校児童数の散布図をつくると図2のようになったよ。
太郎：あれ，教員数が少ないほど，不登校児童数も少ないね。
花子：児童数にも関係あるんじゃないかな。児童数と教員数，児童数と不登校児童数の散布図はそれぞれ図3，図4になるよ。
太郎：図2，図3，図4より，①教員数を減らせば不登校児童数が減るとは限らない ね。

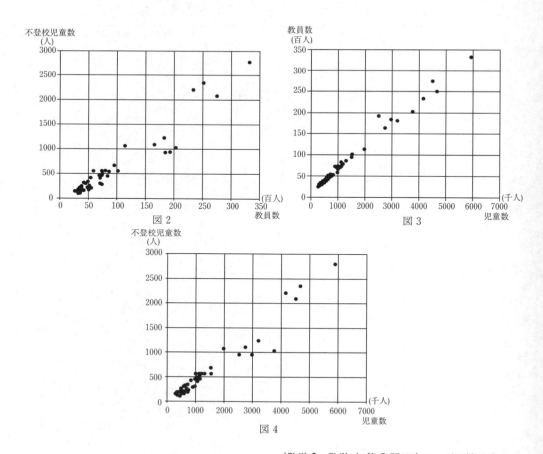

（数学Ⅰ・数学A 第2問は次ページに続く。）

図2，図3，図4から読み取れる，下線部①の理由は □二□ である。

□二□ については，最も適当なものを，次の ⓪〜③ のうちから一つ選べ。

⓪　教員数と不登校児童数の正の相関より，児童数と教員数の正の相関の方が強いから。

①　教員数と不登校児童数の正の相関より，児童数と不登校児童数の正の相関の方が強いから。

②　児童数と教員数，児童数と不登校児童数には正の相関が見られるので，これが教員数と不登校児童数の相関関係に影響を与えているが，因果関係があるかどうかはわからないから。

③　教員数が少ないほど児童の自主性が高まるから。

（数学 I・数学 A 第 2 問は次ページに続く。）

(3)

> 花子：児童数と教員数，児童数と不登校児童数には強い正の相関があるとわかったので，児童数に対する割合を調べてみよう。
> 太郎：児童 1 万人あたりの教員数と児童 1 万人あたりの不登校児童数の散布図は，図 5 のようになるよ。

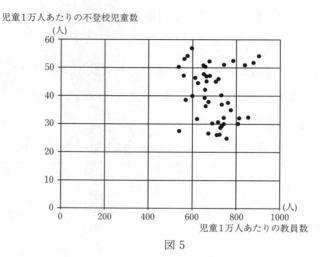

図 5

図 5 より，児童 1 万人あたりの教員数と児童 1 万人あたりの不登校児童数の間の相関係数は ヌ である。

ヌ については，最も適当なものを，次の ⓪〜④ のうちから一つ選べ。

⓪ -1.13 ① -0.95 ② -0.16 ③ 0.84 ④ 1.15

（数学 I・数学 A 第 2 問は 16 ページに続く。）

（下 書 き 用 紙）

数学Ⅰ・数学 A の試験問題は次に続く。

(4)

> 花子：教員数を調整することで不登校児童数を減らせることができるかどうかはわからない，ということがわかったね。
> 太郎：不登校児童数を減らす対策を探すために，不登校になる要因を考えてみようよ。
> 花子：不登校は心理的・情緒的なことが要因となる場合が多いと聞いたことがあるので，児童同士の共感力などがあると減る気がする。
> 太郎：読書をすることでそういう力を育てられないかな。児童1万人あたりの不登校児童数と読書率の散布図をつくると図6になるよ。

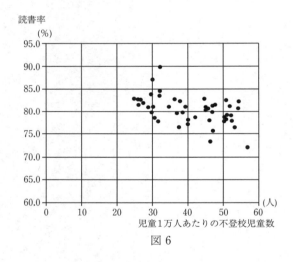

図 6

（数学Ⅰ・数学A 第2問は次ページに続く。）

図 6 から読み取れることとして，次の ⓪～④ のうち，正しいものは ネ である。

ネ の解答群

⓪ 児童 1 万人あたりの不登校児童数が少ない県ほど，読書率が高い傾向がある。

① 読書率が 75 ％以上の県では，児童 1 万人あたりの不登校児童数が 40 人以下である。

② 読書率が最も高い県は，児童 1 万人あたりの不登校児童数が最も少ない。

③ 読書率が高いと，児童 1 万人あたりの不登校児童数が増える傾向がある。

④ 児童 1 万人あたりの不登校児童数が 35 人以下の県では，読書率が 85 ％以上である。

第3問～第5問は，いずれか2問を選択し，解答しなさい。

第3問　（選択問題）（配点　20）

　以下の問題では，1枚の硬貨を投げるとき，表となる事象と裏となる事象は同様に確からしいとする。このとき，次の各問いに答えよ。

(1)　まず，2枚の硬貨 X，Y を同時に投げる試行について考える。

(i)　次の ⓪～④ のうち，この試行における事象に関する記述として正しいものは $\boxed{ア}$ である。

$\boxed{ア}$ の解答群

⓪　この試行における根元事象は「Xのみが表となる事象」，「Yのみが表となる事象」の2個あり，これらは同様に確からしい。

①　この試行における根元事象は「表となる硬貨が0枚である事象」，「表となる硬貨が1枚である事象」，「表となる硬貨が2枚である事象」の3個あり，これらは同様に確からしい。

②　この試行における根元事象は「Xのみが表となる事象」，「Yのみが表となる事象」，「Xのみが裏となる事象」，「Yのみが裏となる事象」の4個あり，これらは同様に確からしい。

③　この試行における根元事象は「2枚とも表となる事象」，「2枚とも裏となる事象」，「Xのみが表となる事象」，「Yのみが表となる事象」の4個あり，これらは同様に確からしい。

④　この試行における根元事象は「2枚とも表となる事象」，「2枚とも裏となる事象」，「Xのみが表となる事象」，「Yのみが表となる事象」，「Xのみが裏となる事象」，「Yのみが裏となる事象」の6個あり，これらは同様に確からしい。

（数学 I・数学 A 第3問は次ページに続く。）

— ② – 18 —

(ii)　X, Y のうち少なくとも一方が表となる確率は $\dfrac{\boxed{イ}}{\boxed{ウ}}$ である。また，表と

なった硬貨があったときに，表となった硬貨がちょうど 1 枚である条件付き確率

は $\dfrac{\boxed{エ}}{\boxed{オ}}$ である。

（数学 I・数学 A 第 3 問は次ページに続く。）

(2) 次に，4枚の硬貨を同時に投げ，正方形 ABCD の四つの頂点に 1 枚ずつ，硬貨の裏表を変えずに無作為に置く試行について考える。

(i) この試行において，4枚の硬貨を区別しないとき，同様に確からしい根元事象は カキ 個ある。

(ii) 4枚の硬貨のうちちょうど2枚が表となっているという事象を E_1，正方形の隣り合う頂点に置かれた硬貨の裏表がすべて異なるという事象を E_2 とする。

このとき，事象 E_1 が起こる確率は $\dfrac{ク}{ケ}$ であり，事象 $E_1 \cap E_2$ が起こる確率は $\dfrac{コ}{サ}$ である。また，事象 E_1 が起こったときに，事象 E_2 が起こる条件付き確率は $\dfrac{シ}{ス}$ である。

(数学 I・数学 A 第 3 問は次ページに続く。)

(3) 2 枚の 10 円硬貨と 2 枚の 5 円硬貨を同時に投げ，正方形 ABCD の四つの頂点に 1 枚ずつ，硬貨の裏表を変えずに無作為に置く。このとき，次の ⓪～③ のうち，

確率が $\dfrac{シ}{ス}$ となるものは $\boxed{セ}$ である。

$\boxed{セ}$ の解答群

⓪　10 円硬貨と 5 円硬貨がそれぞれ 1 枚ずつ表となっている確率

①　2 枚の 10 円硬貨がともに表となっている確率

②　2 枚の 10 円硬貨が隣り合う頂点には置かれていない確率

③　2 枚の 10 円硬貨がともに表となっており，隣り合う頂点には置かれていない確率

第3問～第5問は，いずれか2問を選択し，解答しなさい。

第4問 （選択問題）（配点 20）

n を 2 以上の自然数とする。1 から n までの番号が一つずつ書かれた n 枚のカードがあり，カードに書かれた番号が上から順に「1, 2, 3, …, n」となるように重ねてある。そのカードの束に次の操作を繰り返し行う。

> **操作**
>
> 作業1：
>
> 　一番上にあるカード1枚を，カードの束の一番下に入れる。
>
> 作業2：
>
> 　作業1のあと，一番上にあるカード1枚を束から取り除く。

n 枚のカードの束に対して，カードが1枚になるまで**操作**を繰り返したとき，最後に残るカードに書かれた番号を $f(n)$ とする。

(1) $n = 2$ のとき，はじめ，2枚のカードがあり，カードに書かれた番号は上から順に「1, 2」である。

まず，作業1では，1と書かれたカードを束の一番下に入れるから，作業のあと，カードに書かれた番号は上から順に「2, 1」である。

次に，作業2では，一番上にある2と書かれたカードを束から取り除くから，作業のあと，1と書かれたカードだけが残る。よって，$f(2) = 1$ である。

同様にして，順に求めると，$f(3) = \boxed{\text{ア}}$，$f(4) = \boxed{\text{イ}}$ である。

（数学 I・数学 A 第4問は次ページに続く。）

(2) p を 3 以上の自然数とする。

 $n = 2p$ のとき，束から取り除くカードに書かれた番号は，1 回目の操作では
 $\boxed{\text{ウ}}$ であり，2 回目の操作では $\boxed{\text{エ}}$ であり，p 回目の操作では $\boxed{\text{オ}}$ で
ある。

 p 回目の操作のあと，カードの束には $\boxed{\text{カ}}$ 枚が残り，一番上にあるカードに
書かれた番号は $\boxed{\text{キ}}$ であり，一番下にあるカードに書かれた番号は $\boxed{\text{ク}}$ で
ある。

 $\boxed{\text{オ}}$，$\boxed{\text{カ}}$，$\boxed{\text{キ}}$，$\boxed{\text{ク}}$ の解答群（同じものを繰り返し用いてもよい。）

⓪ 1	① $p-2$	② $p-1$	③ p	④ $p+1$
⑤ $p+2$	⑥ $2p-2$	⑦ $2p-1$	⑧ $2p$	

（数学 I・数学 A 第 4 問は次ページに続く。）

$\boxed{カ}$ 枚のカードの束で**操作**を繰り返したとき，最後に残る 1 枚のカードは，一番上から数えて $f\!\left(\boxed{カ}\right)$ 枚目のカードであることから，$f(2p) = \boxed{ケ}$ が成り立つ。

これを用いると，$f(8) = \boxed{コ}$，$f(16) = \boxed{サ}$ である。

$\boxed{ケ}$ の解答群

⓪　$2f(p-2)-1$　　　　　　① $2f(p-2)+1$

②　$2f(p-1)-1$　　　　　　③ $2f(p-1)+1$

④　$2f(p)-1$　　　　　　　⑤ $2f(p)+1$

⑥　$2f(p+1)-1$　　　　　　⑦ $2f(p+1)+1$

⑧　$2f(p+2)-1$　　　　　　⑨ $2f(p+2)+1$

（数学 **I**・数学 **A** 第 4 問は次ページに続く。）

(3) $2^m \leqq n < 2^{m+1}$ となる自然数 m をとり，$r = n - 2^m$ とする。

　n 枚のカードの束に対して，**操作**を r 回繰り返した直後，カードの束には 2^m 枚のカードが残る。このとき一番上にあるカードに書かれた番号に着目すると，$f(n) = \boxed{\text{シ}}$ であることがわかる。

$\boxed{\text{シ}}$ の解答群

⓪ $r-3$	① $r-1$	② r	③ $r+1$	④ $r+3$
⑤ $2r-3$	⑥ $2r-1$	⑦ $2r$	⑧ $2r+1$	⑨ $2r+3$

第3問～第5問は，いずれか2問を選択し，解答しなさい。

第5問 （選択問題）（配点 20）

△ABC の辺またはその延長上の点において接する円の半径について考える。以下において

$$BC = a, \ CA = b, \ AB = c, \ a + b + c = \ell$$

とする。

(1) まず，$a = 5$，$b = 7$，$c = 8$ とする。

(i) 余弦定理より，$\cos\angle ABC = \dfrac{\boxed{ア}}{\boxed{イ}}$ であるから，△ABC の面積は $\boxed{ウエ}\sqrt{\boxed{オ}}$ である。

一方，△ABC の内接円 O の半径を r とすると，△ABC の面積は，ℓ と r を用いて $\boxed{カ}$ と表せるから，$\ell = 8 + 5 + 7 = 20$ より，$r = \sqrt{\boxed{キ}}$ である。

$\boxed{カ}$ の解答群

⓪ $r\ell$	① $\dfrac{1}{2}r\ell$	② $\dfrac{1}{3}r\ell$	③ $\dfrac{1}{4}r\ell$
④ $r(\ell - r)$	⑤ $\dfrac{1}{2}r(\ell - r)$	⑥ $\dfrac{1}{3}r(\ell - r)$	⑦ $\dfrac{1}{4}r(\ell - r)$

（数学 I・数学 A 第5問は次ページに続く。）

(ii) △ABC の辺 BC と点 P において接し，辺 AC，AB の延長とそれぞれ点 Q，R において接する円を O′ とする。円 O′ と(i)の円 O には，ともに $\boxed{\text{ク}}$ という性質がある。

円 O′ の中心を O′ とし，円 O′ の半径を r'，△ABC の面積を S とする。BP = BR，CP = CQ であることを利用すると，四角形 ARO′Q の面積は $S + \boxed{\text{ケ}}\, r'$ と表せる。

また，四角形 ARO′Q の面積は $\boxed{\text{コサ}}\, r'$ とも表せる。

以上のことから，$r' = \boxed{\text{シ}} \sqrt{\boxed{\text{ス}}}$ である。

$\boxed{\text{ク}}$ の解答群

⓪ 中心が辺 BC の垂直二等分線上にある

① 中心が点 A と △ABC の重心を通る直線上にある

② 中心が点 A を通り直線 BC と垂直な直線上にある

③ それぞれの中心から △ABC の三つの辺またはその延長に下ろした三本の垂線の長さが等しい

$\boxed{\text{ケ}}$ の解答群

⓪ $\dfrac{5}{2}$　　① 3　　② $\dfrac{7}{2}$　　③ 4　　④ $\dfrac{9}{2}$

⑤ 5　　⑥ $\dfrac{11}{2}$　　⑦ 6　　⑧ $\dfrac{13}{2}$　　⑨ 7

（数学 I・数学 A 第 5 問は次ページに続く。）

(2) 次に, $a = 19$, $b = 20$, $c = 21$ とし

- 辺 BC 上の点, 辺 CA の延長上の点, 辺 AB の延長上の点においてそれぞれ直線 BC, CA, AB と接する円の半径を r_A

- 辺 CA 上の点, 辺 AB の延長上の点, 辺 BC の延長上の点においてそれぞれ直線 CA, AB, BC と接する円の半径を r_B

- 辺 AB 上の点, 辺 BC の延長上の点, 辺 CA の延長上の点においてそれぞれ直線 AB, BC, CA と接する円の半径を r_C

とする。

r_A, r_B, r_C の大小関係として正しいものは $\boxed{セ}$ である。

$\boxed{セ}$ の解答群

⓪ $r_A < r_B < r_C$	① $r_A < r_C < r_B$	② $r_B < r_A < r_C$
③ $r_B < r_C < r_A$	④ $r_C < r_A < r_B$	⑤ $r_C < r_B < r_A$

模試　第3回

$\left(\dfrac{100点}{70分}\right)$

〔数学 I・A〕

注　意　事　項

1　数学解答用紙（模試 第3回）をキリトリ線より切り離し，試験開始の準備をしなさい。

2　時間を計り，上記の解答時間内で解答しなさい。

　ただし，納得のいくまで時間をかけて解答するという利用法でもかまいません。

3　第1問，第2問は必答。第3問〜第5問から2問選択。計4問を解答しなさい。

4　この回の模試の問題は，このページを含め，29ページあります。

5　解答用紙には解答欄以外に受験番号欄，氏名欄，試験場コード欄，解答科目欄があります。解答科目欄は解答する科目を一つ選び，マークしなさい。その他の欄は自分自身で本番を想定し，正しく記入し，マークしなさい。

6　解答は解答用紙の解答欄にマークしなさい。

7　選択問題については，解答する問題を決めたあと，その問題番号の解答欄に解答しなさい。ただし，指定された問題数をこえて解答してはいけません。

8　問題の余白は適宜利用してよいが，どのページも切り離してはいけません。

第 1 問 (必答問題) (配点 30)

〔1〕 k を超えない最大の整数を $[k]$ と表す。例えば，$[3.5]=3$ である。

(1) $[x+1]=3$ を満たす x の値の範囲は $\boxed{\text{ア}}$ である。

また，定義から $[x+1]$ は整数であるから，m を整数として $[x+1]=m$ とおくと，$[[x+1]+1]=3$ は

$[m+1]=3$

となる。よって，$m=\boxed{\text{イ}}$ であるから，$[[x+1]+1]=3$ を満たす x の値の範囲は

$$\boxed{\text{ウ}} \leqq x < \boxed{\text{エ}}$$

である。

$\boxed{\text{ア}}$ の解答群

⓪	$2 < x < 3$	①	$2 < x \leqq 3$
②	$2 \leqq x < 3$	③	$2 \leqq x \leqq 3$
④	$3 < x < 4$	⑤	$3 < x \leqq 4$
⑥	$3 \leqq x < 4$	⑦	$3 \leqq x \leqq 4$

(数学 I・数学 A 第 1 問は次ページに続く。)

(2) a を正の定数とする。実数 x に関する二つの条件

$\qquad p : [ax + 1] = 3$

$\qquad q : [a[ax + 1] + 1] = 3$

について考える。

　　条件 p を満たすすべての x が条件 q を満たすとき，条件 q は

$$\left[\boxed{\text{オ}}\, a + \boxed{\text{カ}} \right] = 3$$

となる。よって，条件 p を満たすすべての x が条件 q を満たすような a の値
の範囲は

$$\frac{\boxed{\text{キ}}}{\boxed{\text{ク}}} \leqq a < \boxed{\text{ケ}}$$

である。

　　また，条件 q を満たすすべての x が条件 p を満たすような a の値の範囲は

$$\frac{\boxed{\text{コ}}}{\boxed{\text{サ}}} \leqq a < \boxed{\text{シ}}$$

である。

(数学 I・数学 A 第 1 問は次ページに続く。)

〔2〕 平面上に2点A, BがあH, AB＝7である。直線AB上にない点Cをとり，△ABCをつくる。△ABCの外接円，内接円の半径について考える。

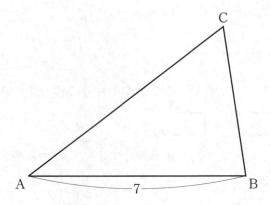

(1) BC＝5, CA＝8のとき, $\cos\angle BCA = \dfrac{\boxed{ス}}{\boxed{セ}}$ であり, △ABCの外接円の半径を R_1 とすると, $R_1 = \dfrac{\boxed{ソ}\sqrt{\boxed{タ}}}{\boxed{チ}}$ である。

また, △ABCの内接円の半径を r_1 とすると, △ABCの面積が $\boxed{ツテ}\sqrt{\boxed{ト}}$ であることに着目することにより, $r_1 = \sqrt{\boxed{ナ}}$ であることがわかる。

(数学Ⅰ・数学A 第1問は次ページに続く。)

(2) BC $= x$，CA $= y$ のとき，$\triangle$ABC の外接円の半径を R，内接円の半径を r とする。

sin∠BCA は，R を用いて表すと sin∠BCA $=$ ニ となる。

また，$\triangle$ABC の面積は，$x, y,$ sin∠BCA を用いて表すと ヌ sin∠BCA

となり，x，y，r を用いて表すと ネ r となる。

以上をまとめると，$\triangle$ABC の外接円の半径 R と内接円の半径 r の積 Rr

を x と y のみの式で表すことができる。

ニ の解答群

⓪ $\frac{1}{7}R$	① $\frac{2}{7}R$	② $\frac{7}{4}R$	③ $\frac{7}{2}R$	④ $7R$
⑤ $\frac{1}{7R}$	⑥ $\frac{2}{7R}$	⑦ $\frac{4}{7R}$	⑧ $\frac{7}{2R}$	⑨ $\frac{7}{R}$

ヌ ， ネ の解答群（同じものを選んでもよい。）

⓪ $\frac{1}{2}xy$	① $\frac{7}{2}xy$
② $\frac{1}{2}(x+y)$	③ $\frac{7}{2}(x+y)$
④ $\frac{1}{2}(x+y+7)$	⑤ $\frac{7}{2}(x+y+1)$
⑥ $\frac{1}{2(x+y)}$	⑦ $\frac{7}{2(x+y)}$
⑧ $\frac{1}{2(x+y+7)}$	⑨ $\frac{7}{2(x+y+1)}$

（数学 I・数学 A 第 1 問は次ページに続く。）

頂点 C が $x + y = 13$ を満たすように動くとき，三角形の 2 辺の長さの和は他の 1 辺の長さよりも大きいことから，$\boxed{\text{ノ}} < x < \boxed{\text{ハヒ}}$ である。

この範囲で x を変化させると，Rr は，△ABC が $\boxed{\text{フ}}$ のときに最大となる。

また，$\boxed{\text{フ}}$ のときの △ABC の外接円の半径を R_2，内接円の半径を r_2 とすると，$R_1 \boxed{\text{ヘ}} R_2$，$r_1 \boxed{\text{ホ}} r_2$ である。

$\boxed{\text{フ}}$ については，最も適当なものを，次の ⓪〜③ のうちから一つ選べ。

⓪ BC ＝ CA である二等辺三角形

① AB ＝ BC または AB ＝ CA である二等辺三角形

② ∠BCA ＝ 90° である直角三角形

③ ∠CAB ＝ 90° または ∠ABC ＝ 90° である直角三角形

$\boxed{\text{ヘ}}$，$\boxed{\text{ホ}}$ の解答群（同じものを選んでもよい。）

⓪ <	① =	② >

— ③ － 6 —

（下書き用紙）
数学Ⅰ・数学Aの試験問題は次に続く。

第2問 （必答問題）（配点 30）

〔1〕 関数 $f(x) = ax^2 + bx + a$ について、$y = f(x)$ のグラフをコンピュータのグラフ表示ソフトを用いて表示させる。

このソフトでは、図1の画面上にそれぞれ a, b の値を入力すると、その値に応じたグラフが表示される。さらに、それぞれの □ の下にある ● を左に動かすと値が減少し、右に動かすと値が増加するようになっており、値の変化に応じて関数のグラフが画面上で変化する仕組みになっている。

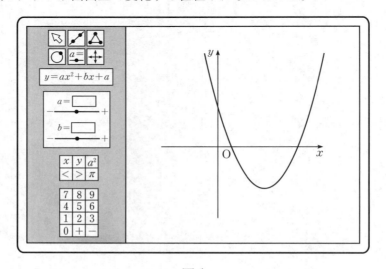

図1

また、座標平面は x 軸、y 軸によって四つの部分に分けられる。これらの各部分を「象限」といい、右の図のように、それぞれを「第1象限」「第2象限」「第3象限」「第4象限」という。ただし、座標軸上の点は、どの象限にも属さないものとする。

（数学Ⅰ・数学A 第2問は次ページに続く。）

(1) 最初に，a, b をある値に定めたところ，図1のように，頂点が第4象限に
ある放物線が表示された。このように表示される a, b の値の組合せとして正
しいものは $\boxed{\text{ア}}$ である。

$\boxed{\text{ア}}$ の解答群

	⓪	①	②	③	④	⑤
a	$-\dfrac{5}{2}$	-2	-1	$\dfrac{1}{2}$	2	$\dfrac{5}{2}$
b	3	-2	$\dfrac{5}{2}$	-2	-3	2

（数学 I・数学 A 第2問は次ページに続く。）

(2) $b = 2$ とし，a を $-1 < a < 0$，$0 < a < 1$ の範囲で動かしたとき，
$y = f(x)$ のグラフの頂点があるところは $\boxed{\text{イ}}$ である。

$\boxed{\text{イ}}$ の解答群

⓪ 第 1 象限と第 2 象限   ① 第 1 象限と第 3 象限

② 第 1 象限と第 4 象限   ③ 第 2 象限と第 3 象限

④ 第 2 象限と第 4 象限   ⑤ 第 3 象限と第 4 象限

⑥ 第 1 象限と第 2 象限と第 3 象限

⑦ 第 1 象限と第 2 象限と第 4 象限

⑧ 第 1 象限と第 3 象限と第 4 象限

⑨ 第 2 象限と第 3 象限と第 4 象限

(3) $a = 1$ とし，b の値を変化させる。放物線 $y = f(x)$ の頂点がつねに第 1 象限にあるとき，b のとり得る値の範囲は

$$\boxed{\text{ウエ}} < b < \boxed{\text{オ}}$$

である。

（数学 I・数学 A 第 2 問は次ページに続く。）

(4) 図 1 の画面にある放物線は，第 1 象限，第 2 象限，第 4 象限を通っている。
図 1 の状態から，a, b の値を変えたとき，次の ⓪〜⑥ のうち，正しいものは
ボックス カ である。

ボックス カ の解答群

⓪　a の値を変えずに b の値を大きくすると，すべての象限を通るグラフ
　　になるときがある。

①　a の値を変えずに b の値を小さくすると，すべての象限を通るグラフ
　　になるときがある。

②　b の値を変えずに a の値を大きくすると，すべての象限を通るグラフ
　　になるときがある。

③　b の値を変えずに a の値を小さくすると，すべての象限を通るグラフ
　　になるときがある。

④　a の値も b の値も大きくすると，すべての象限を通るグラフになると
　　きがある。

⑤　a の値も b の値も小さくすると，すべての象限を通るグラフになると
　　きがある。

⑥　a の値と b の値をどのように変えても，すべての象限を通るグラフに
　　はならない。

（数学 I・数学 A 第 2 問は次ページに続く。）

〔2〕 太郎さんと花子さんは，桜の開花日について調べている。以下は，都道府県別のデータを集め，分析しているときの二人の会話である。

(1)

太郎：今年は東京よりも大阪の方が桜の開花日が早かったね。
花子：毎年東京の方が早い気がするよ。
太郎：1992年から2019年までの28年間の開花日のデータがあるので，実際に調べてみよう。日付のグラフは作りにくいので，開花したのが2月1日から数えて何日目かを考えて，その日に開花した年の回数について，ヒストグラムや箱ひげ図をつくってみよう。
花子：なるほど。うるう年の3月10日は39日目ということだね。

なお，ヒストグラムの各階級は，左側の数値を含み，右側の数値を含まない。
(i) 東京のヒストグラムは図1であり，箱ひげ図は キ である。

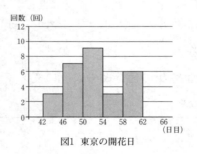

図1 東京の開花日

（出典：気象庁のWebページにより作成）

キ については，最も適当なものを，次の⓪〜③のうちから一つ選べ。

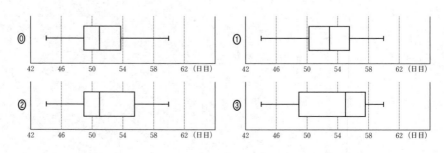

（数学Ⅰ・数学A 第2問は次ページに続く。）

(ii) 大阪のヒストグラムは ク であり，箱ひげ図は図2である。

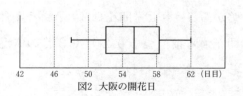
図2 大阪の開花日

（出典：気象庁のWebページにより作成）

ク については，最も適当なものを，次の⓪～③のうちから一つ選べ。

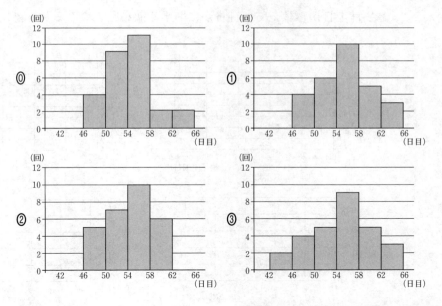

（数学Ⅰ・数学A第2問は次ページに続く。）

(2)

太郎：全体的に東京の方が開花日が早いようだね。東京でも，年によって差があるけれど，開花日はどういう条件で決まるのかな。
花子：開花する前，つまり2月や3月の気温や降水量と関係しているんじゃないかな。調べてみよう。

2006年から2019年の東京について，一日の平均気温の月平均と，開花したのが2月1日から数えて何日目かに関する散布図をつくると，図3，図4になる。

また，2006年から2019年の東京について，降水量の月合計と，開花したのが2月1日から数えて何日目かに関する散布図をつくると，図5，図6になる。

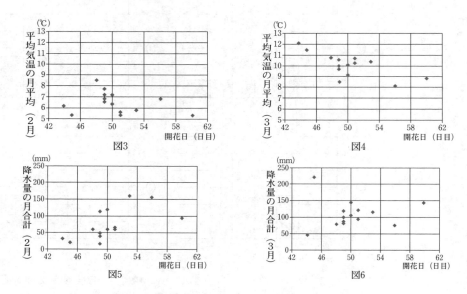

（出典：気象庁のWebページにより作成）

（数学I・数学A 第2問は次ページに続く。）

図 4，図 6 より，2006 年から 2019 年の東京について，開花日と平均気温の月平均（3 月），降水量の月合計（3 月）の相関係数の組合せとして正しいものは $\boxed{\text{ケ}}$ である。

$\boxed{\text{ケ}}$ については，最も適当なものを，次の ⓪～⑤ のうちから一つ選べ。

⓪　平均気温の月平均（3 月）：0.883，降水量の月合計（3 月）：−0.115

①　平均気温の月平均（3 月）：0.178，降水量の月合計（3 月）：0.802

②　平均気温の月平均（3 月）：0.775，降水量の月合計（3 月）：0.932

③　平均気温の月平均（3 月）：0.134，降水量の月合計（3 月）：−0.829

④　平均気温の月平均（3 月）：−0.706，降水量の月合計（3 月）：−0.049

⑤　平均気温の月平均（3 月）：−0.771，降水量の月合計（3 月）：−0.935

(3)　(2)の図 3〜図 6 から読み取れることとして正しいものは $\boxed{\text{コ}}$ である。

$\boxed{\text{コ}}$ については，最も適当なものを，次の ⓪～④ のうちから一つ選べ。

⓪　開花日が最も遅い年は，3 月の平均気温の月平均が最も低い。

①　開花日が最も早い年は，2 月の降水量の月合計が最も少ない。

②　3 月の平均気温の月平均が最も高い年は，2 月の平均気温の月平均も最も高い。

③　3 月の平均気温の月平均が最も高い年は，3 月の降水量の月合計が最も少ない。

④　2 月の平均気温の月平均が 6℃以下で，2 月の降水量の月合計が 100mm を超える年はない。

（数学 I・数学 A 第 2 問は次ページに続く。）

— ③ － 15 —

(4)

太郎：桜の開花予想はどんなふうにやっているのかな。

花子：インターネットで調べてみたら，「600℃の法則」というのがあるらしいよ。「2月1日以降の一日の最高気温の和が600℃に達すると開花する」という法則なんだ。

太郎：へえ，面白いね。でも，本当に正しいのかな。

　2006年から2019年の東京について，「600℃の法則」が成り立つかどうかを調べる方法として正しいものは サ と シ である。

（数学I・数学A 第2問は次ページに続く。）

$\boxed{\text{サ}}$，$\boxed{\text{シ}}$ については，最も適当なものを，次の **⓪**～**④** のうちから一つ
ずつ選べ。ただし，解答の順序は問わない。

⓪　最高気温の和が 600 ℃ に達したのが 2 月 1 日から数えて何日目かを調
べて，14 年間の平均値を調べる。

①　最高気温の和が 600 ℃ に達したのが 2 月 1 日から数えて何日目かを調
べて，14 年間の標準偏差を調べる。

②　最高気温の和が 600 ℃ に達したのが 2 月 1 日から数えて何日目かと，
開花したのが 2 月 1 日から数えて何日目かの差の絶対値を調べて，14 年
間の平均値を調べる。

③　最高気温の和が 600 ℃ に達したのが 2 月 1 日から数えて何日目かと，
開花したのが 2 月 1 日から数えて何日目かの差の絶対値を調べて，14 年
間の標準偏差を調べる。

④　2 月 1 日から開花日までの最高気温の和を調べて，14 年間の平均値を
調べる。

第3問～第5問は，いずれか2問を選択し，解答しなさい。

第3問 （選択問題）（配点 20）

インターネット上には多くのウェブサイトが存在し，それぞれのウェブサイトは複数のウェブページから成り立っている。以降，「ウェブサイト」，「ウェブページ」をそれぞれ単に「サイト」，「ページ」と呼ぶことにする。

私たちがインターネットを利用するとき，ページのリンクをクリックすることで，同じサイト内の別ページや，別サイトへ頻繁に移動している。複数のサイト間を利用者がどのように移動しているかを分析することで，インターネット広告の効果を大きくする方法を探ることができる。

利用者のページの移動について考えよう。

(1) インターネット広告の効果を大きくする方法を探るため，まず，利用者が A，B という二つのサイト内のページをどのように移動するかを調べた。利用者がページを移動する割合を確率とみなすと，次のことがわかった。

① 利用者が A 内のページを表示しているとき，リンクをクリックすることにより，$\dfrac{2}{3}$ の確率で A 内の別ページに移動し，$\dfrac{1}{3}$ の確率で B 内のページに移動する。

② 利用者が B 内のページを表示しているとき，リンクをクリックすることにより，$\dfrac{1}{4}$ の確率で B 内の別ページに移動し，$\dfrac{3}{4}$ の確率で A 内のページに移動する。

（数学 I・数学 A 第3問は次ページに続く。）

A 内のページを表示している利用者が，ページを 2 回移動したときについて考える。

この利用者がまず B 内のページに移動し，次に B 内の別ページに移動する確率は $\dfrac{\text{ア}}{\text{イウ}}$ である。また，この利用者がページを 2 回移動した時点で B 内のページを表示している確率は $\dfrac{\text{エオ}}{\text{カキ}}$ である。

さらに，この利用者がページを 2 回移動した時点で B 内のページを表示しているとき，ページを 1 回移動した時点では A 内のページを表示していた確率は $\dfrac{\text{ク}}{\text{ケコ}}$ である。

（数学 I・数学 A 第 3 問は次ページに続く。）

(2) 実際には，A，Bの二つのサイト内のページの移動だけでなく，「どのページにも移動せず，インターネットの利用を終える」という場合も考えられる。

(i) はじめにA内のページを表示していた利用者がインターネットの利用を終えるまでにページを移動する回数が4回以下であるとき，この利用者のA，B間の移動の仕方は $\boxed{\text{サシ}}$ 通り考えられる。ただし，1回もページを移動せず終了する場合も1通りと数えるものとする。

(ii) 「どのページにも移動せず，インターネットの利用を終える」という場合も踏まえて，利用者がどのようにページを移動するかを再度調べ，利用者のページ移動の割合を確率とみなした結果，次のことがわかった。

---

① 利用者がA内のページを表示しているとき，リンクをクリックすることにより，$\dfrac{3}{5}$ の割合でA内の別ページに移動し，$\dfrac{1}{5}$ の割合でB内のページに移動し，$\dfrac{1}{5}$ の割合でインターネットの利用を終える。

② 利用者がB内のページを表示しているとき，リンクをクリックすることにより，$\dfrac{2}{3}$ の割合でB内の別ページに移動し，$\dfrac{1}{6}$ の割合でA内のページに移動し，$\dfrac{1}{6}$ の確率でインターネットの利用を終える。

A内のページにはP社の広告，B内のページにはQ社の広告が掲載されている。利用者がA内のページを閲覧するとP社の広告を目にし，B内のページを閲覧するとQ社の広告を目にするため，広告料として，利用者があるページからA内のページに1回移動するたびにP社から1円がAの運営者に，あるページからB内のページに1回移動するたびにQ社から1円がBの運営者に与えられるとする。

（数学I・数学A 第3問は次ページに続く。）

利用者がはじめに A 内のページを表示しているとき，3 回のページ移動により

B の運営者に 3 円が与えられる確率は $\dfrac{\boxed{ス}}{\boxed{セソ}}$ である。また，4 回以内のペー

ジ移動により B の運営者に 3 円以上が与えられる確率は $\dfrac{\boxed{タチ}}{\boxed{ツテト}}$ である。

B の運営者は，より多くの収入を得るためには，インターネットの利用を始めるとき，自らが運営するサイトが最初に表示される確率が重要であると考えた。インターネットの利用を始めるとき，必ず A 内のページと B 内のページのどちらかが最初に表示されるとし，B 内のページが最初に表示される確率を p とする。

4 回以内のページ移動により B の運営者に 3 円以上が与えられる確率を $\dfrac{1}{5}$

よりも大きくするためには $p > \dfrac{\boxed{ナニ}}{\boxed{ヌネノ}}$ とすればよい。

第3問〜第5問は，いずれか2問を選択し，解答しなさい。

第4問 （選択問題）（配点 20）

自然数 N の正の約数の個数を n とする。以下，a, b を 1 以上の整数とし，p, q を異なる素数とする。

(1) $n = 6$ のとき，自然数 N は 2 以上であり

     (i) $N = p^a$ (ii) $N = p^a \times q^b$

のいずれかの形で表される。

    (i)の形で表されるとき，$a = \boxed{}$ であり，N が最小となるのは $p = \boxed{}$ のときである。

    (ii)の形で表されるとき，$a \geqq b$ とすると，$a = \boxed{}$，$b = \boxed{}$ であり，N が最小となるのは $p = \boxed{}$，$q = \boxed{}$ のときである。

（数学 I・数学 A 第4問は次ページに続く。）

(2) $n = 1,\ 2,\ 3,\ 4,\ 5$ のときについて考える。

$n = 1$ となるような自然数 N は 1 のみである。

$n = 2$ となるような自然数は $\boxed{\ \text{キ}\ }$ である。

$n = 3$ となるような自然数は $\boxed{\ \text{ク}\ }$ である。

$n = 4$ となるような自然数は $\boxed{\ \text{ケ}\ }$ と $\boxed{\ \text{コ}\ }$ である。

$n = 5$ となるような自然数は $\boxed{\ \text{サ}\ }$ である。

$\boxed{\ \text{キ}\ } \sim \boxed{\ \text{サ}\ }$ の解答群(ただし,$\boxed{\ \text{ケ}\ }$ と $\boxed{\ \text{コ}\ }$ は解答の順序は問わない。)

⓪ 素数		① 素数の 2 乗	
② 素数の 3 乗		③ 素数の 4 乗	
④ 素数の 5 乗		⑤ 異なる二つの素数の積	
⑥ 異なる三つの素数の積		⑦ 異なる四つの素数の積	
⑧ 異なる五つの素数の積			

(数学 I・数学 A 第 4 問は次ページに続く。)

(3) $n = 6$ である自然数 N のうち，2桁の自然数となる N が何個あるかについて考える。

$n = 6$ のとき，p^a の形で表される 2 桁の自然数 N は $\boxed{\text{イ}}^{\boxed{\text{ア}}}$ のみであり，$p^a \times q^b$ の形で表される 2 桁の自然数 N は $\boxed{\text{シス}}$ 個ある。

また，$n = 6$ である 2 桁の自然数 N のうち，最大の N は $\boxed{\text{セソ}}$ である。

(4) N を 2 桁の自然数とする。このときの正の約数の個数 n について考える。

すべての N の正の約数の個数 n のうち，n が最大となるのは $n = \boxed{\text{タチ}}$ のときであり，$n = \boxed{\text{タチ}}$ となる N は $\boxed{\text{ツ}}$ 個ある。

— ③ – 24 —

（下 書 き 用 紙）

数学Ⅰ・数学Ａの試験問題は次に続く。

第3問～第5問は，いずれか2問を選択し，解答しなさい。

第5問 （選択問題）（配点 20）

次の問題について考える。

問題 図のような鋭角三角形 ABC の内部に点 P をとるとき，AP ＋ BP ＋ CP が最小となるのはどのようなときか。

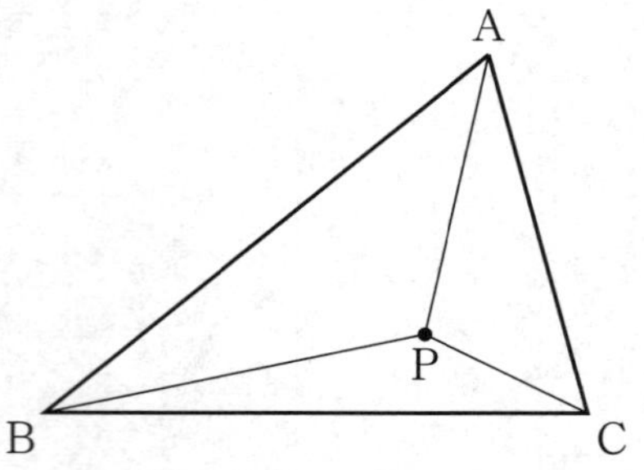

---

(1) △APC を，点 C のまわりに時計回りに 60° だけ回転移動した三角形を △A′P′C とすると

$$AP + BP + CP = A'P' + BP + \boxed{}$$

である。

よって，AP ＋ BP ＋ CP が最小となるのは，点 P が直線 $\boxed{}$ 上にあり，

∠BPC ＝ $\boxed{}$° のときである。

（数学 I・数学 A 第5問は次ページに続く。）

| ア | の解答群

| ⓪ A′B | ① A′C | ② A′P | ③ BP′ | ④ PP′ |

| イ | の解答群

| ⓪ AA′ | ① AB | ② AC | ③ A′B |
| ④ A′C | ⑤ BC | | |

| ウ | の解答群

| ⓪ 30 | ① 45 | ② 60 | ③ 90 |
| ④ 120 | ⑤ 135 | ⑥ 150 | |

(数学 **I**・数学 **A** 第 5 問は次ページに続く。)

(2) 太郎さんと花子さんは，**問題**の解答について考察している。

花子：△APC を点 C のまわりに時計回りに 60° だけ回転移動した三角形を考
　　　えることで**問題**を解くことができたけれど，回転移動する角が 60° でな
　　　いときはうまくいかないのかな。

太郎：線分の長さの関係に注意すると，うまくいかないことがわかるよ。

　　下の ⓪〜⑤ のうち，△ABC の内部の任意の点 P に対して，△APC を時計回り
に回転移動する角が 60° のときには成り立つが，60° でないときには成り立たない
ことがあるものは $\boxed{\text{エ}}$ と $\boxed{\text{オ}}$ である。

$\boxed{\text{エ}}$，$\boxed{\text{オ}}$ の解答群（解答の順序は問わない。）

⓪ AA′ = AC	① AC = A′C	② AP = AP′
③ AP = PP′	④ CP = CP′	⑤ CP = PP′

（数学 I・数学 A 第 5 問は次ページに続く。）

(3) 1辺の長さが4である正方形ABCDの内部に2点P, Qをとる。

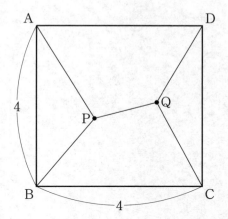

AP + BP + PQ + CQ + DQ は，∠APB = ∠CQD = ｜カ｜° のときに最小値 ｜キ｜ + ｜ク｜√｜ケ｜ をとる。

｜カ｜ の解答群

⓪ 90 ① 105 ② 120
③ 135 ④ 150 ⑤ 165

（下 書 き 用 紙）

模試　第4回

$\left(\begin{matrix}100点\\70分\end{matrix}\right)$

〔数学 I・A〕

注　意　事　項

1　数学解答用紙（模試 第4回）をキリトリ線より切り離し，試験開始の準備をしなさい。

2　時間を計り，上記の解答時間内で解答しなさい。

ただし，納得のいくまで時間をかけて解答するという利用法でもかまいません。

3　第1問，第2問は必答。第3問〜第5問から2問選択。計4問を解答しなさい。

4　この回の模試の問題は，このページを含め，31ページあります。

5　解答用紙には解答欄以外に受験番号欄，氏名欄，試験場コード欄，解答科目欄があります。解答科目欄は解答する科目を一つ選び，マークしなさい。その他の欄は自分自身で本番を想定し，正しく記入し，マークしなさい。

6　解答は解答用紙の解答欄にマークしなさい。

7　選択問題については，解答する問題を決めたあと，その問題番号の解答欄に解答しなさい。ただし，指定された問題数をこえて解答してはいけません。

8　問題の余白は適宜利用してよいが，どのページも切り離してはいけません。

第 1 問 (必答問題) (配点 30)

〔1〕 a を実数とする。実数 x についての集合 A, B, C を次のように定める。

$$A = \{x \mid (2a-1)x - 4a + 2 \geqq 0\}$$

$$B = \{x \mid -3x + 1 < 2\}$$

$$C = \{x \mid ax + 2a \geqq 0\}$$

(1) $(2a-1)x - 4a + 2$ を因数分解すると，$\left(\boxed{ア}\, a - \boxed{イ} \right)\left(x - \boxed{ウ} \right)$ である。よって，集合 A の要素 x について

$$x = \boxed{エ}$$

は，a の値に関係なく，集合 A の要素である。

(2) $0 < a < \dfrac{1}{2}$ のとき，集合 $A \cap C$ の要素 x は

$$\boxed{オカ} \leqq x \leqq \boxed{キ}$$

を満たすすべての実数である。

(数学 I・数学 A 第 1 問は次ページに続く。)

(3) 条件 p, q を

$\quad p : x$ は集合 $\overline{A} \cup \overline{B}$ の要素である

$\quad q : x$ は集合 C の要素である

と定める。$a < 0$ のとき，p は q であるための $\boxed{\text{ク}}$。

$\boxed{\text{ク}}$ の解答群

⓪　必要条件であるが，十分条件ではない

①　十分条件であるが，必要条件ではない

②　必要十分条件である

③　必要条件でも十分条件でもない

（数学 I・数学 A 第 1 問は次ページに続く。）

〔2〕 AB = 3，BC = 1，CD = 2，DA = 2 である四角形 ABCD には，下のようにさまざまな形がある。

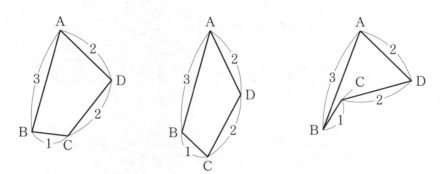

(1) $\cos\angle BAD = \dfrac{2}{3}$ のとき，BD $= \sqrt{\boxed{ケ}}$ である。

また，$\cos\angle ABD = \dfrac{\sqrt{\boxed{コ}}}{\boxed{サ}}$，$\cos\angle CBD = \dfrac{\sqrt{\boxed{シ}}}{\boxed{ス}}$ より，

∠ABD $\boxed{セ}$ ∠CBD であるから，四角形 ABCD には，点 C が直線 BD に関して点 A と $\boxed{ソ}$ が存在する。

$\boxed{セ}$ の解答群

⓪ <	① =	② >

$\boxed{ソ}$ については，最も適当なものを，次の ⓪〜② のうちから一つ選べ。

⓪ 同じ側にあるもののみ
① 反対側にあるもののみ
② 同じ側にあるものと反対側にあるものの 2 通り

（数学 I・数学 A 第 1 問は次ページに続く。）

(2) 直線 BD が ∠ABC の二等分線であるとき，直線 BD に関して点 C と対称な
点を C′ とする。点 C′ は直線 AB 上にあることに着目すると

$$AC′ = \boxed{\text{タ}}, \quad BD = \sqrt{\boxed{\text{チ}}}$$

である。

また，$\cos\angle BAD = \dfrac{\boxed{\text{ツ}}}{\boxed{\text{テ}}}$ である。

(3) 四角形 ABCD について，点 C が直線 BD に関して点 A と同じ側にあるもの
と反対側にあるものの 2 通りが存在するとする。

このとき，BD の長さのとり得る値の範囲は

$$\sqrt{\boxed{\text{ト}}} < BD < \boxed{\text{ナ}}$$

であり

$$\dfrac{\boxed{\text{ニ}}}{\boxed{\text{ヌ}}} < \cos\angle BAD < \dfrac{\boxed{\text{ネ}}}{\boxed{\text{ノ}}}$$

である。

第2問　(必答問題)　(配点　30)

〔1〕 体育祭実行委員の太郎さんは，競技を行うための 200 m トラックをどのような形にするかを検討している。

毎年，体育祭では，内側が長方形と半円二つを合わせた形の，下の図のようなトラックを作っている。

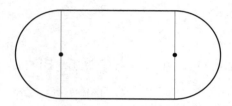

(1) トラック内側の半円部分の半径を x m とし，長方形部分の横の長さを y m とする。

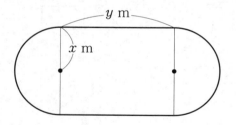

(数学 I・数学 A 第 2 問は次ページに続く。)

このとき，長方形部分の面積 $S\,\text{m}^2$ は，x, y を用いて表すと

$$S = \boxed{ア} \quad \cdots\cdots\cdots\cdots\cdots\cdots\cdots\cdots\cdots\cdots\cdots ①$$

となる。また，トラックが 1 周 200 m であることから

$$y = \boxed{イ} \quad \cdots\cdots\cdots\cdots\cdots\cdots\cdots\cdots\cdots\cdots\cdots ②$$

が成り立つ。

$\boxed{ア}$ の解答群

⓪ xy	① $2xy$	② $\dfrac{xy}{2}$	③ x^2y

$\boxed{イ}$ の解答群

⓪ $200-2x$	① $100-x$	② $200-2\pi x$	③ $100-\pi x$
④ $200-\pi x^2$	⑤ $100-\pi x^2$	⑥ $\dfrac{200-2x}{\pi}$	⑦ $\dfrac{100-x}{\pi}$

（数学 I・数学 A 第 2 問は次ページに続く。）

(2) 体育祭では，リレー以外の競技を，トラック内側の長方形部分で行う。そこで，太郎さんは，この長方形部分の面積をできるだけ大きくしたいと考えた。ただし，校庭の大きさも考慮し，長方形部分の縦の長さは 40 m 以下，長方形部分と二つの半円部分を合わせた横の長さは 90 m 以下とする。

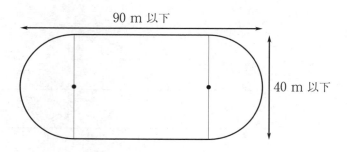

このとき，x のとり得る値の範囲は

$$\frac{\boxed{ウエ}}{\pi - \boxed{オ}} \leqq x \leqq \boxed{カキ} \quad \cdots\cdots\cdots ③$$

である。

①と②より，S を x の関数として表すことができる。これを③の範囲で考えると，トラック内側の長方形部分の面積が最大となるのは，半円部分の半径が $\dfrac{\boxed{クケ}}{\pi}$ m のときである。

（数学Ⅰ・数学A 第2問は次ページに続く。）

(3) 次に,「曲線部分が短いと,カーブが急で走りにくい」という昨年度の引き継ぎ事項に注目することにした。曲線部分を長くするには,半円部分の半径を大きくすればよいが,そうすると,長方形部分の面積は小さくなってしまう。そこで,次のような条件でトラックの形を決めることにした。

> ─ トラックの形についての条件 ──────
>
> ●校庭の大きさを考慮し,長方形部分の縦の長さは 40 m 以下,長方形部分と二つの半円部分を合わせた横の長さは 90 m 以下とする。
> ●トラックのうち曲線部分の長さの合計は,1 周の半分 100 m よりも長くなるようにする。
> ●トラック内側の長方形部分の面積は,その最大値の 96 % よりも大きくなるようにする。

　　この条件を満たすようなトラック内側の半円部分の半径 x m の範囲は

$$\frac{\boxed{コサ}}{\pi} < x < \frac{\boxed{シス}}{\pi}$$

である。

(数学 I・数学 A 第 2 問は次ページに続く。)

— ④ — 9 —

〔2〕 Z大学野球部が所属しているリーグでは，全12チームによる総当たり戦を2回行い，その勝利数によって優勝校を決めている。太郎さんと花子さんは，今年のリーグ戦の打順をどのようにするかを検討している。以下は，データを集め，分析しているときの二人の会話である。

太郎：試合に勝つには点を取らないとだめだね。点を取るにはどんな打順にすればよいのかな。

花子：本塁打をたくさん打つ打者をそろえたらよいのでは。

太郎：Z大学には本塁打をたくさん打てる打者は少ないし，本塁打でなくても1塁打をコツコツ打てば点は取れるよ。

花子：得点の多い大学にはどんな特徴があるのかな。

太郎：得点といろいろな打撃データの相関を調べてみよう。

　　二人は，過去2年間のリーグ戦全試合について，打撃データを調べた。得点は12ページの表1のようになり，得点と盗塁数，得点と送りバント数，得点と打率，得点と長打率，得点と出塁率，得点と三振率の散布図はそれぞれ12ページの図1〜図6のようになった。

　　ただし，打率，長打率，出塁率，三振率は以下のように算出する。

　　　　打率：(安打数)÷(打数)

　　　　長打率：(塁打数)÷(打数)

　　　　　　　　例えば，5打数中1塁打2本，2塁打1本，本塁打1本の場合

　　　　　　　(1×2＋2×1＋4×1)÷5＝1.60

　　　　出塁率：(安打数＋四死球数)÷(打数＋四死球数＋犠飛数)

　　　　三振率：(三振数)÷(打席数)

（数学 I・数学 A 第2問は12ページに続く。）

— ④ – 10 —

（下 書 き 用 紙）

数学Ⅰ・数学 A の試験問題は次に続く。

大学	A	B	C	D	E	F	G	H	I	Z	J	K
得点	231	211	195	154	141	99	90	86	69	53	45	41

表1

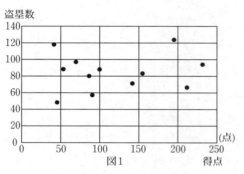

図1

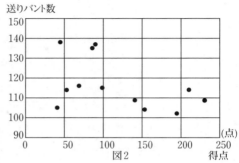

図2

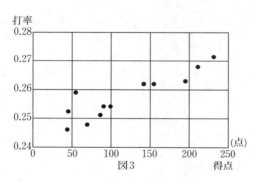

図3

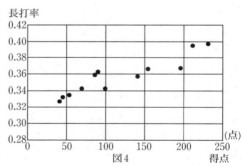

図4

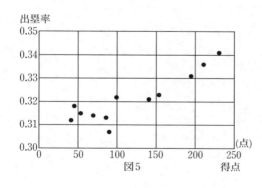

図5

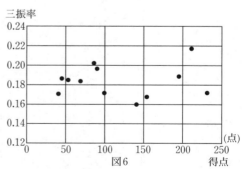

図6

(数学Ⅰ・数学A 第2問は次ページに続く。)

(1) 次の ⓪～⑥ のうち，図1～図6から読み取れることとして 正しくないもの
は セ と ソ である。

　　　セ と ソ の解答群（解答の順序は問わない。）

⓪	盗塁数が最多の大学は，送りバント数が最少である。
①	得点が最少の大学は，出塁率が最小である。
②	得点が最多の大学は，打率が最大である。
③	得点が 150 点以上の大学はすべて，長打率が 0.36 以上である。
④	打率が 0.26 以下の大学はすべて，得点が 150 点以下である。
⑤	盗塁数が 100 以上の大学はすべて，三振率が 0.20 以下である。
⑥	送りバント数が 130 以上の大学はすべて，三振率は 0.20 以下である。

（数学 I・数学 A 第 2 問は次ページに続く。）

花子：得点と正の相関が強いのは打率，長打率，出塁率だね。得点と打率，得点と長打率，得点と出塁率の相関係数を求めると，それぞれ 0.90，0.93，0.89 になるよ。

太郎：でも，Z 大学は I 大学よりも打率は高いのに，得点は少ないね。

花子：セイバーメトリクスという，データを統計的に分析して野球の戦略を考える手法では，長打率と出塁率を足したものを OPS といって，これを指標として使うらしいよ。

太郎：さっそく，12 チームについて，得点と OPS の散布図をつくってみたら図 7 になったよ。この相関係数は，打率や長打率，出塁率より高そうだね。

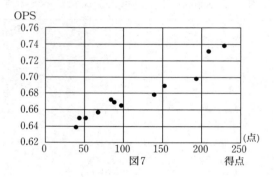

図7

(2) 図 7 から読み取れることとして，次の ⓪〜④ のうち，正しいものは タ である。

タ の解答群

⓪ どの 2 大学を比べても，OPS が高い大学の方が得点が多い。
① OPS が最も高い選手は A 大学にいる。
② K 大学には OPS が 1.00 を超える選手はいない。
③ 得点が 100 点以下の大学はすべて，OPS が 0.68 以下である。
④ OPS が 0.68 以下の大学はすべて，得点が 100 点以下である。

（数学 I・数学 A 第 2 問は次ページに続く。）

(3) 太郎さんは OPS が小数であるのが気になり，OPS のすべての値を 100 倍して考えることにした。OPS と得点の相関係数を r とし，OPS を 100 倍した値と得点の相関係数を r' とするとき，$\dfrac{r'}{r} = \boxed{\text{チ}}$ である。

$\boxed{\text{チ}}$ の解答群

⓪ $\dfrac{1}{100}$　　① $\dfrac{1}{10}$　　② 1　　③ 10　　④ 100
⑤ 1000　　⑥ 10000

(数学 I・数学 A 第 2 問は次ページに続く。)

(4)
> 花子：OPS は得点との正の相関が非常に強いから，打者を評価する指標として使えそうだね。
> 太郎：Z 大学の主力 9 選手の去年の OPS を小数第 2 位まで求めて，箱ひげ図にすると，図 8 のようになるよ。そして，9 人の OPS の平均値はちょうど 0.67 になったよ。
> 花子：これをもとに今年のリーグ戦の打順を決めることにしよう。

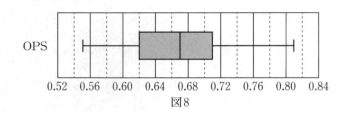
図 8

図 8 の Z 大学の主力 9 選手を OPS が高い方から並べると，a さん，b さん，c さん，d さん，e さん，f さん，g さん，h さん，i さんの順になる。太郎さんと花子さんは，打順を次のページの表 2 のように決めた。

（数学 I・数学 A 第 2 問は次ページに続く。）

打順	1番	2番	3番	4番	5番
選手	d	e	c	a	b
OPS	ツ	テ	0.70	ト	ナ

打順	6番	7番	8番	9番
選手	f	g	h	i
OPS	0.65	ニ	0.61	0.55

表2

ツ ～ ニ の解答群

⓪	0.63	①	0.64	②	0.67	③	0.68	④	0.69
⑤	0.72	⑥	0.75	⑦	0.78	⑧	0.81	⑨	0.82

第3問～第5問は，いずれか2問を選択し，解答しなさい。

第3問 （選択問題）（配点 20）

くじを箱から1本ずつ何回か引くことを考える。

(1) 最初，当たりくじが5本，はずれくじが20本入っている箱Aがある。

まず，くじを引いたあと，引いたくじは箱Aに戻すとする。くじを2回引くとき，2回とも当たりくじを引く確率 p_1 は $\dfrac{\boxed{ア}}{\boxed{イウ}}$ であり，少なくとも1回当たりくじを引く確率 q_1 は $\dfrac{\boxed{エ}}{\boxed{オカ}}$ である。

次に，くじを引いたあと，引いたくじは箱Aに戻さないとする。くじを2回引くとき，2回とも当たりくじを引く確率 p_2 は $\dfrac{\boxed{キ}}{\boxed{クケ}}$ であり，少なくとも1回当たりくじを引く確率 q_2 は $\dfrac{\boxed{コサ}}{\boxed{シス}}$ である。

（数学 I・数学 A 第3問は次ページに続く。）

最初，当たりくじが 10 本，はずれくじが 40 本入っている箱 B がある。

まず，くじを引いたあと，引いたくじは箱 B に戻すとする。くじを 2 回引くとき，2 回とも当たりくじを引く確率を p_3，少なくとも 1 回当たりくじを引く確率を q_3 として，それぞれ先ほど求めた p_1，q_1 と大小を比較すると，p_1 セ p_3，q_1 ソ q_3 である。

セ ， ソ の解答群（同じものを繰り返し選んでもよい。）

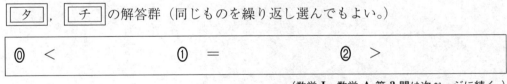

次に，くじを引いたあと，引いたくじは箱 B に戻さないとする。くじを 2 回引くとき，2 回とも当たりくじを引く確率を p_4，少なくとも 1 回当たりくじを引く確率を q_4 として，それぞれ先ほど求めた p_2，q_2 と大小を比較すると，p_2 タ p_4，q_2 チ q_4 である。

タ ， チ の解答群（同じものを繰り返し選んでもよい。）

⓪ <　　　　　① =　　　　　② >

（数学 I・数学 A 第 3 問は次ページに続く。）

(2) k を 2 以上の自然数とする。最初, 当たりくじが k 本, はずれくじが $4k$ 本入っている箱 X と, 最初, 当たりくじが $2k$ 本, はずれくじが $8k$ 本入っている箱 Y がある。

くじを引いたあと, 引いたくじは箱に戻さないとする。箱 X, 箱 Y からそれぞれくじを 2 回引くとき, 2 回とも当たりくじを引く確率を比較すると, ツ 。また, 少なくとも 1 回当たりくじを引く確率を比較すると, テ 。

ツ , テ の解答群 (同じものを繰り返し選んでもよい。)

⓪ k の値によらず, 箱 Y よりも箱 X の方が大きい

① k の値によらず, 箱 X よりも箱 Y の方が大きい

② k の値によらず, 箱 X と箱 Y で等しい

③ k の値によって, 箱 X と箱 Y で大小関係は異なる

(数学 I・数学 A 第 3 問は次ページに続く。)

(3)　次の三つの確率 X, Y, Z について，$\boxed{\text{ト}}$ が成り立つ。

X：くじを引いたあと，引いたくじは箱に戻さないとし，最初，当たりくじが 100 本，はずれくじが 400 本入っている箱からくじを 10 回引くとき，10 回とも当たりくじを引く確率

Y：くじを引いたあと，引いたくじは箱に戻すとし，最初，当たりくじが 200 本，はずれくじが 800 本入っている箱からくじを 10 回引くとき，10 回とも当たりくじを引く確率

Z：くじを引いたあと，引いたくじは箱に戻すとし，最初，当たりくじが 200 本，はずれくじが 800 本入っている箱からくじを 10 回引くとき，少なくとも 1 回当たりくじを引く確率

$\boxed{\text{ト}}$ の解答群

⓪　$X < Y < Z$	①　$X = Y < Z$	②　$X < Z < Y$	③　$Y < X < Z$
④　$Y < Z < X$	⑤　$Z < X < Y$	⑥　$Z < X = Y$	⑦　$Z < Y < X$

第3問〜第5問は，いずれか2問を選択し，解答しなさい。

第4問 （選択問題）（配点 20）

6個の数5, 10, 15, 20, 25, 30 を7で割った余りはそれぞれ5, 3, 1, 6, 4, 2 であり，すべて異なる。このことを一般化した次の**定理1**を証明しよう。

定理1　a, b は互いに素な整数とする。

　　　　a, $2a$, $3a$, $\cdots$, $(b-1)a$ を b で割った余りはすべて異なる。

---

i, j を $0 < i < j < b$ である整数とする。ia と ja を b で割った余りが等しいと仮定して，矛盾が生じることを示す方針で証明する。このように，ある命題を証明するのに，その命題が成り立たないと仮定すると矛盾が導かれることを示し，そのことによってもとの命題が成り立つと結論する証明法を　ア　という。

　ア　の解答群

⓪　反例法　　　　　①　背理法　　　　　②　対偶法

③　矛盾法　　　　　④　数学的帰納法

証明

---

ia と ja を b で割った余りが等しいと仮定すると，$(i-j)a$ は　イ　となるはずである。しかし，これは $0 < i < j < b$ かつ a と b が互いに素であることに矛盾する。よって，$0 < i < j < b$ である整数 i, j について，ia と ja を b で割った余りは異なるから，a, $2a$, $3a$, $\cdots$, $(b-1)a$ を b で割った余りはすべて異なる。

（証明終）

　イ　の解答群

⓪　b の倍数　　　①　b の約数　　　②　b と互いに素　　　③　素数

（数学 **I**・数学 **A** 第4問は次ページに続く。）

定理 1 を用いて，次の定理 2 を証明しよう。

定理 2 p を素数，a を p と互いに素な自然数とする。$a^{p-1} - 1$ は p で割り切れる。

---

a, $2a$, $3a$, $\cdots$, $(p-1)a$ を p で割った商をそれぞれ q_1, q_2, q_3, $\cdots$, q_{p-1} とし，余りをそれぞれ r_1, r_2, r_3, $\cdots$, r_{p-1} とすると，$k = 1$, 2, 3, $\cdots$, $p-1$ として

$$ka = q_k p + r_k$$

と表せる。この式において $k = 1$, 2, 3, $\cdots$, $p-1$ として得られるすべての式の辺々をかけると，Q を整数として

$$1 \cdot 2 \cdot 3 \cdot \cdots \cdot (p-1) a^{p-1} = Qp + r_1 r_2 r_3 \cdot \cdots \cdot r_{p-1} \quad \cdots ①$$

と表せる。定理 1 より

$$r_1 r_2 r_3 \cdot \cdots \cdot r_{p-1} = \boxed{\text{ウ}}$$

であるから，①より，$\boxed{\text{エ}} \cdot (a^{p-1} - 1)$ は p で割り切れる。

さらに，$\boxed{\text{エ}}$ は $\boxed{\text{オ}}$ であるから，$a^{p-1} - 1$ は p で割り切れる。

$\boxed{\text{ウ}}$ の解答群

⓪ $(p-1)!$ ① $(p-1)! + 1$ ② $(p-1)! - 1$

③ $p!$ ④ $p! + 1$ ⑤ $p! - 1$

$\boxed{\text{エ}}$ の解答群

⓪ $(p-1)!$ ① $(p-1) \cdot (p-1)! + 1$ ② $p!$

③ $(p+1) \cdot (p-1)!$ ④ $(p-1) \cdot p!$ ⑤ $p \cdot p!$

$\boxed{\text{オ}}$ の解答群

⓪ p の倍数 ① p の約数 ② p と互いに素 ③ 素数

（数学 I・数学 A 第 4 問は次ページに続く。）

定理2より，7^{18} を 19 で割った余りは $\boxed{\ \text{カ}\ }$ である。

よって，ℓ を整数として $n = \boxed{\ \text{キ}\ }$ と表せるとき，7^n を 19 で割った余りは $\boxed{\ \text{カ}\ }$ である。

$\boxed{\ \text{キ}\ }$ については，最も適当なものを，次の ⓪〜⑤ のうちから一つ選べ。

⓪ $18\ell - 1$	① 18ℓ	② $18\ell + 1$
③ $19\ell - 1$	④ 19ℓ	⑤ $19\ell + 1$

$n = \boxed{\ \text{キ}\ }$ と表せることは，7^n を 19 で割った余りが $\boxed{\ \text{カ}\ }$ であることの

$\boxed{\ \text{ク}\ }$。

$\boxed{\ \text{ク}\ }$ の解答群

⓪ 必要条件であるが，十分条件ではない

① 十分条件であるが，必要条件ではない

② 必要十分条件である

③ 必要条件でも十分条件でもない

（数学 I・数学 A 第 4 問は次ページに続く。）

次の ⓪～④ のうち，7^n を 19 で割った余りが カ となるような n の値は ケ である。

ケ の解答群

⓪ 1111   ① 2222   ② 3333   ③ 4444   ④ 5555

第3問～第5問は，いずれか2問を選択し，解答しなさい。

第5問　（選択問題）（配点　20）

次の**定理A**について考えよう。

> **定理A**　鋭角三角形ABCの外接円の弧BC上（点Aを含まない方で，2点B，Cを除く）に点Pがある。点Pから直線BC，CA，ABにそれぞれ垂線PA′，PB′，PC′を下ろすと，3点A′，B′，C′は一直線上にある。

(1) 鋭角三角形ABCの外心をOとする。

(i) 直線PAに関して点Cと点Oが同じ側にあるとき，**定理A**は次のように証明できる。

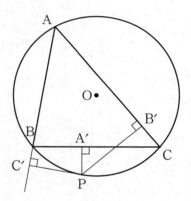

図において，　ア　より，4点P，A′，B′，Cは同じ円周上にあるから

$$\angle B'A'P = 180° - \angle ACP$$

また，4点P，A′，B，C′は同じ円周上にあるから

$$\angle C'A'P = \angle C'BP = 180° - \angle ABP$$

4点P，A，B，Cは同じ円周上にあるから

$$\angle B'A'P + \angle C'A'P = \boxed{\text{イ}}°$$

よって，3点A′，B′，C′は一直線上にある。

（数学I・数学A 第5問は次ページに続く。）

ア については，最も適当なものを，次の ⓪〜④ のうちから一つ選べ。

⓪ $\triangle PA'C \backsim \triangle CB'P$

① $\angle PA'C = \angle PB'C$

② $\angle A'B'P + \angle A'CP = 90°$

③ $\angle A'PB' + \angle A'CB' = 180°$

④ $\angle PA'B' + \angle PCB' = 180°$

イ の解答群

⓪ 60   ① 90   ② 120   ③ 180   ④ 360

(ii) 直線 PA に関して点 C と点 O が反対側にあるとき

$$\angle B'A'P = \boxed{\text{ウ}}, \qquad \angle C'A'P = \boxed{\text{エ}}$$

である。そして，4 点 P，A，B，C は同じ円周上にあるから

$$\angle B'A'P + \angle C'A'P = \boxed{\text{イ}}°$$

より，3 点 A'，B'，C' は一直線上にあることが証明できる。

ウ ， エ の解答群（同じものを繰り返し選んでもよい。）

⓪ $90° - \angle ABP$ ① $90° + \angle ABP$ ② $180° - \angle ABP$

③ $90° - \angle ACP$ ④ $90° + \angle ACP$ ⑤ $180° - \angle ACP$

（数学 I・数学 A 第 5 問は次ページに続く。）

(2) 次の問題を考えよう。

問題　鋭角三角形 ABC の外接円の弧 BC 上（点 A を含まない方で，2 点 B，C を除く）に点 P があり，直線 BC，CA，AB に関して点 P と対称な点をそれぞれ D，E，F とする。また，△ABC の外接円の周上に，3 点 A，B，C とは異なる点 Q があり，直線 QD と直線 BC の交点を X，直線 QE と直線 CA の交点を Y，直線 QF と直線 AB の交点を Z とする。

このとき，3 点 X，Y，Z は一直線上にあることを示せ。

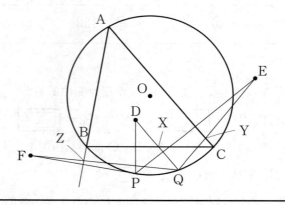

(i) 問題の点 Q，X，Y，Z をそれぞれ定理 A の点 P，A′，B′，C′ に対応させることで，オ　ときには，3 点 X，Y，Z は一直線上にあるといえる。

オ　については，最も適当なものを，次の ⓪〜④ のうちから一つ選べ。

⓪　AP = AQ である
①　BP = BQ または CP = CQ である
②　点 Q が点 P と一致する
③　線分 PQ が △ABC の外接円の直径である
④　点 Q が直線 BC に関して点 P と同じ側にあり，CQ = BP である

（数学 I・数学 A 第 5 問は次ページに続く。）

(ii) 次の **⓪**〜**③** のうち，**問題**と**定理 A** の関係についての記述として正しいものは
カ である。

カ の解答群

⓪　定理 A が証明できれば問題は解決できたことになり，問題が解決できれ
ば定理 A は証明できたことになる。

①　定理 A が証明できれば問題は解決できたことになるが，問題が解決でき
たからといって定理 A が証明できたことにはならない。

②　定理 A が証明できたからといって問題が解決できたことにはならないが，
問題が解決できれば定理 A は証明できたことになる。

③　定理 A が証明できたからといって問題が解決できたことにはならず，問
題が解決できたからといって定理 A が証明できたことにはならない。

（数学 I・数学 A 第 5 問は次ページに続く。）

(iii) オ とき以外について，点 Y が辺 CA 上にあり，点 Z が線分 AB の点 B の方の延長上（点 B を除く）にあるときを考える。

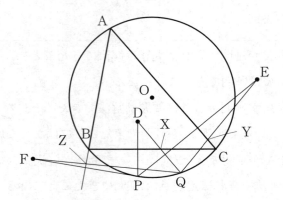

次の⓪〜⑦のうち，∠ECA と大きさの等しい角は キ と ク と ケ である。

キ 〜 ケ の解答群（解答の順序は問わない。）

⓪ ∠ABD	① ∠FBZ	② ∠PBZ	③ ∠ACP
④ ∠BDP	⑤ ∠CDP	⑥ ∠PDQ	⑦ ∠PDZ

よって，∠QCA と大きさの等しい角も考えると，∠QCE = ∠QCA + ∠ECA より

∠QCE = コ

である。同様に，∠QAF，∠QBD と大きさの等しい角も考えることができる。

コ の解答群

⓪ ∠CBF	① ∠FBQ	② ∠BDE	③ ∠CDF	④ ∠EQF

（数学 I・数学 A 第 5 問は次ページに続く。）

さて，次の**定理 B** が成り立つことが知られている。

定理 B △ABC の辺 BC 上に点 X があり，辺 CA，AB またはその延長上

にそれぞれ点 Y，Z があるとし

$$\frac{AZ}{ZB} \cdot \frac{BX}{XC} \cdot \frac{CY}{YA} = 1$$

が成り立つならば，3 点 X，Y，Z は一直線上にある。

$\dfrac{AZ}{ZB} = \boxed{\text{サ}}$ であり，$\dfrac{BX}{XC}$，$\dfrac{CY}{YA}$ も同様に三角形の面積を用いて表すこ
とができる。

等しい角に着目して三角形の面積についての式を変形すると

$$\frac{AZ}{ZB} \cdot \frac{BX}{XC} \cdot \frac{CY}{YA} = 1$$

となるから，**定理 B** より，3 点 X，Y，Z は一直線上にある。

$\boxed{\text{サ}}$ の解答群

⓪ $\dfrac{\triangle AFP}{\triangle BFP}$	① $\dfrac{\triangle AFQ}{\triangle BFQ}$	② $\dfrac{\triangle AZC}{\triangle ABC}$
③ $\dfrac{\triangle AZF}{\triangle BZQ}$	④ $\dfrac{\triangle AZQ}{\triangle BZP}$	

（下 書 き 用 紙）

模試　第5回

$\left(\begin{array}{c}100点\\70分\end{array}\right)$

〔数学 I・A〕

注　意　事　項

1　数学解答用紙（模試 第5回）をキリトリ線より切り離し，試験開始の準備をしなさい。

2　**時間を計り，上記の解答時間内で解答しなさい。**

　ただし，納得のいくまで時間をかけて解答するという利用法でもかまいません。

3　第1問，第2問は必答。第3問～第5問から2問選択。計4問を解答しなさい。

4　この回の模試の問題は，このページを含め，30ページあります。

5　**解答用紙には解答欄以外に受験番号欄，氏名欄，試験場コード欄，解答科目欄があります。解答科目欄は解答する科目を一つ選び，マーク**しなさい。その他の欄は自分自身で本番を想定し，**正しく記入し，マーク**しなさい。

6　**解答は解答用紙の解答欄にマークしなさい。**

7　選択問題については，解答する問題を決めたあと，その問題番号の解答欄に解答しなさい。ただし，**指定された問題数をこえて解答してはいけません。**

8　問題の余白は適宜利用してよいが，どのページも切り離してはいけません。

模試　第5回

第1問 （必答問題）（配点 30）

〔1〕 実数 s に対して，$t \leq s < t+1$ を満たす整数 t を s の整数部分といい，$s-t$ を s の小数部分という。

(1) 3.2 は $3 \leq 3.2 < 4$ であるから，整数部分は 3 であり，$3.2-3 = 0.2$ より，小数部分は 0.2 である。

－5.5 の整数部分は ア イ であり，小数部分は ウ である。

ウ の解答群

⓪ －5.5   ① －5   ② －0.5   ③ 0.5   ④ 5   ⑤ 5.5

（数学 I・数学 A 第 1 問は次ページに続く。）

(2) 2次方程式 $x^2-x-1=0$ の異なる二つの実数解を α, β とする。

$\alpha < \beta$ のとき，α の小数部分は $\dfrac{\boxed{エ}-\sqrt{\boxed{オ}}}{\boxed{カ}}$ であり，β の小数

部分は $\dfrac{\boxed{キク}+\sqrt{\boxed{オ}}}{\boxed{カ}}$ である。

(3) $a=\dfrac{\boxed{エ}-\sqrt{\boxed{オ}}}{\boxed{カ}}$ のとき

$$(a^2-3a)^2-2(a^2-3a)-3=\boxed{ケ}$$

である。

(数学 I・数学 A 第 1 問は次ページに続く。)

〔2〕 以下の問題を解答するにあたっては，必要に応じて7ページの三角比の表を用いてもよい。

花子さんは，東京スカイツリーを自宅から計測することで，自宅のあるマンションが立地する地面と，東京スカイツリーが立地する地面の標高差を調べようとしている。

(1) 花子さんは，図1のように，自宅のあるマンションのベランダに観測点Pを設置して，まずは，地面から観測点Pまでの高さを調べることにした。

マンションから10 m 離れ，地面から1.4 m の高さから観測点Pの仰角を測ると84°であった。

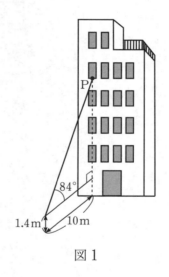

図1

地面から観測点Pまでの高さは コサ . シ m である。小数第2位を四捨五入して答えよ。

(数学Ⅰ・数学A 第1問は次ページに続く。)

(2) 図 2 のように，東京スカイツリーは地面から先端 A までの高さが 634 m の電波塔で，地面から高さが 340 m の場所にフロア 340 と呼ばれる展望デッキがある。

この展望デッキの下端を点 B として，観測点 P から先端 A と点 B の仰角を測定したところ，それぞれ 57°，35° であった。

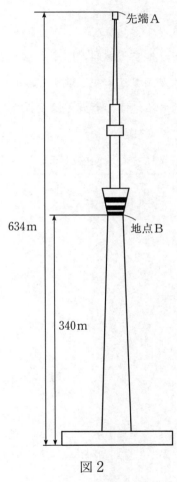

図 2

(i) 観測点 P と東京スカイツリーの水平距離は，およそ ス m である。

ス の解答群

⓪ 191	① 221	② 350	③ 405	④ 412
⑤ 420	⑥ 486	⑦ 755	⑧ 905	

(数学 I・数学 A 第 1 問は次ページに続く。)

(ii) 花子さんが住むマンションが立地する地面と，東京スカイツリーが立地する地面の標高差について，次の⓪～②のうち，正しく述べているものは，セ である。

セ の解答群

⓪ 東京スカイツリーが立地する地面の標高の方が，花子さんが住むマンションが立地する地面の標高よりも 1 m 以上高い。

① 東京スカイツリーが立地する地面の標高と，花子さんが住むマンションが立地する地面の標高差は 1 m 未満である。

② 花子さんが住むマンションが立地する地面の標高の方が，東京スカイツリーが立地する地面の標高よりも 1 m 以上高い。

(数学 I・数学 A 第 1 問は次ページに続く。)

三角比の表

角	正弦（sin）	余弦（cos）	正接（tan）	角	正弦（sin）	余弦（cos）	正接（tan）
0°	0.0000	1.0000	0.0000	45°	0.7071	0.7071	1.0000
1°	0.0175	0.9998	0.0175	46°	0.7193	0.6947	1.0355
2°	0.0349	0.9994	0.0349	47°	0.7314	0.6820	1.0724
3°	0.0523	0.9986	0.0524	48°	0.7431	0.6691	1.1106
4°	0.0698	0.9976	0.0699	49°	0.7547	0.6561	1.1504
5°	0.0872	0.9962	0.0875	50°	0.7660	0.6428	1.1918
6°	0.1045	0.9945	0.1051	51°	0.7771	0.6293	1.2349
7°	0.1219	0.9925	0.1228	52°	0.7880	0.6157	1.2799
8°	0.1392	0.9903	0.1405	53°	0.7986	0.6018	1.3270
9°	0.1564	0.9877	0.1584	54°	0.8090	0.5878	1.3764
10°	0.1736	0.9848	0.1763	55°	0.8192	0.5736	1.4281
11°	0.1908	0.9816	0.1944	56°	0.8290	0.5592	1.4826
12°	0.2079	0.9781	0.2126	57°	0.8387	0.5446	1.5399
13°	0.2250	0.9744	0.2309	58°	0.8480	0.5299	1.6003
14°	0.2419	0.9703	0.2493	59°	0.8572	0.5150	1.6643
15°	0.2588	0.9659	0.2679	60°	0.8660	0.5000	1.7321
16°	0.2756	0.9613	0.2867	61°	0.8746	0.4848	1.8040
17°	0.2924	0.9563	0.3057	62°	0.8829	0.4695	1.8807
18°	0.3090	0.9511	0.3249	63°	0.8910	0.4540	1.9626
19°	0.3256	0.9455	0.3443	64°	0.8988	0.4384	2.0503
20°	0.3420	0.9397	0.3640	65°	0.9063	0.4226	2.1445
21°	0.3584	0.9336	0.3839	66°	0.9135	0.4067	2.2460
22°	0.3746	0.9272	0.4040	67°	0.9205	0.3907	2.3559
23°	0.3907	0.9205	0.4245	68°	0.9272	0.3746	2.4751
24°	0.4067	0.9135	0.4452	69°	0.9336	0.3584	2.6051
25°	0.4226	0.9063	0.4663	70°	0.9397	0.3420	2.7475
26°	0.4384	0.8988	0.4877	71°	0.9455	0.3256	2.9042
27°	0.4540	0.8910	0.5095	72°	0.9511	0.3090	3.0777
28°	0.4695	0.8829	0.5317	73°	0.9563	0.2924	3.2709
29°	0.4848	0.8746	0.5543	74°	0.9613	0.2756	3.4874
30°	0.5000	0.8660	0.5774	75°	0.9659	0.2588	3.7321
31°	0.5150	0.8572	0.6009	76°	0.9703	0.2419	4.0108
32°	0.5299	0.8480	0.6249	77°	0.9744	0.2250	4.3315
33°	0.5446	0.8387	0.6494	78°	0.9781	0.2079	4.7046
34°	0.5592	0.8290	0.6745	79°	0.9816	0.1908	5.1446
35°	0.5736	0.8192	0.7002	80°	0.9848	0.1736	5.6713
36°	0.5878	0.8090	0.7265	81°	0.9877	0.1564	6.3138
37°	0.6018	0.7986	0.7536	82°	0.9903	0.1392	7.1154
38°	0.6157	0.7880	0.7813	83°	0.9925	0.1219	8.1443
39°	0.6293	0.7771	0.8098	84°	0.9945	0.1045	9.5144
40°	0.6428	0.7660	0.8391	85°	0.9962	0.0872	11.4301
41°	0.6561	0.7547	0.8693	86°	0.9976	0.0698	14.3007
42°	0.6691	0.7431	0.9004	87°	0.9986	0.0523	19.0811
43°	0.6820	0.7314	0.9325	88°	0.9994	0.0349	28.6363
44°	0.6947	0.7193	0.9657	89°	0.9998	0.0175	57.2900
45°	0.7071	0.7071	1.0000	90°	1.0000	0.0000	—

（数学 I・数学 A 第 1 問は次ページに続く。）

〔3〕(1) 三角比の値に関する次の問題について考える。

問題　$\cos 36° - \cos 72°$ の値を求めよ。

この問題の解法の一つとして，以下のような方法が考えられる。

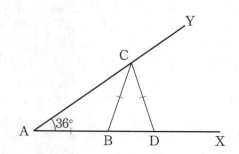

上の図のように，$\angle XAY = 36°$ となる半直線 AX，AY を考え，次の(a)〜(c)の手順で点 B，C，D をとる。

(a) 半直線 AX 上に AB ＝ 1 となる点 B をとる。
(b) 半直線 AY 上に AB ＝ BC となる点 C をとる。
(c) 半直線 AX 上に BC ＝ CD となる点 D をとる。

(i) $\angle ACD = \boxed{ソタ}°$ である。

(ii) 線分 AC，BD の長さをそれぞれ 36° または 72° の三角比を用いて表すと，$AC = \boxed{チ}$，$BD = \boxed{ツ}$ である。ここで，AC － BD を考えることで

$$\cos 36° - \cos 72° = \frac{\boxed{テ}}{\boxed{ト}}$$

がわかる。

$\boxed{チ}$，$\boxed{ツ}$ の解答群（同じものを繰り返し選んでもよい。）

⓪ $\sin 36°$	① $\cos 36°$	② $\sin 72°$	③ $\cos 72°$
④ $2\sin 36°$	⑤ $2\cos 36°$	⑥ $2\sin 72°$	⑦ $2\cos 72°$

（数学 I・数学 A 第 1 問は次ページに続く。）

(2) 下の図のように，∠XAY ＝ θ となる半直線 AX，AY を考え，半直線 AX 上に点 A に近い方から点 B, D, F を，半直線 AY 上に点 A に近い方から点 C, E を AB ＝ BC ＝ CD ＝ DE ＝ EF となるようにとったところ，△AFE は二等辺三角形となった。

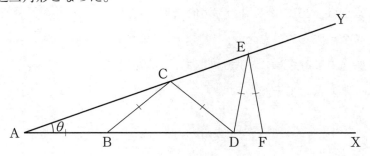

このとき，$\theta = \boxed{\text{ナニ}}°$ であり，$\cos\theta - \cos 2\theta + \cos 3\theta - \cos 4\theta = \dfrac{\boxed{\text{ヌ}}}{\boxed{\text{ネ}}}$ である。

(3) $\cos\dfrac{180°}{7} - \cos\dfrac{360°}{7} + \cos\dfrac{540°}{7} = \dfrac{\boxed{\text{ノ}}}{\boxed{\text{ハ}}}$ である。

第2問 （必答問題）（配点 30）

〔1〕 熱中症の予防のため，太郎さんと花子さんは人口100万人あたりの熱中症による搬送者数に着目し，それが多い都道府県の特徴を調べることにした。

以下は，2019年6月の都道府県別の統計データを集め，分析しているときの二人の会話である。ただし，以後の問題文では「人口100万人あたりの熱中症による搬送者数」を単に「100万人あたり搬送者数」として表記し，「都道府県」を単に「県」として表記する。

(1)

> 太郎：特に子どもやお年寄りは熱中症にかかりやすいんじゃないかな。
> 花子：18歳未満，18歳以上65歳未満，65歳以上に分けて47県の100万人あたり搬送者数を箱ひげ図で表すと図1のようになったよ。

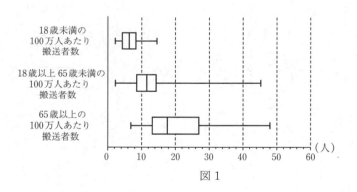

図1

（出典：消防庁のWebページにより作成）

（数学Ⅰ・数学A 第2問は次ページに続く。）

図 1 から読み取れることとして，次の **⓪**～**④** のうち，正しいものは $\boxed{\text{ア}}$ と $\boxed{\text{イ}}$ である。

$\boxed{\text{ア}}$，$\boxed{\text{イ}}$ の解答群（解答の順序は問わない。）

⓪ 65 歳以上の 100 万人あたり搬送者数が最も多い県では，18 歳以上 65 歳未満の 100 万人あたり搬送者数も最も多い。

① 47 県の半分以上の県では，18 歳以上 65 歳未満の熱中症による搬送者数は 1000 万人を超える。

② 47 県の半分以上の県では，18 歳以上 65 歳未満の 100 万人あたり搬送者数は 10 人以上である。

③ 47 県の半分以上の県では，18 歳未満の 100 万人あたり搬送者数よりも 65 歳以上の 100 万人あたり搬送者数の方が多い。

④ 47 県のすべてにおいて，65 歳以上の 100 万人あたり搬送者数は 18 歳以上 65 歳未満の 100 万人あたり搬送者数の 1.1 倍以下である。

（数学 I・数学 A 第 2 問は次ページに続く。）

(2)

太郎：どの県でも，子どもやお年寄りの搬送者数が特に多いというわけではなさそうだね。

花子：となると，やっぱり暑い日に熱中症にかかりやすいんじゃないかな。47県の県庁所在地の平均最高気温と100万人あたり搬送者数をそれぞれ横軸と縦軸にとって散布図をつくると図2のようになったよ。

太郎：湿度が高い日も注意が必要だと聞いたことがあるよ。47県の県庁所在地の平均最低湿度と100万人あたり搬送者数をそれぞれ横軸と縦軸にとって散布図をつくると図3のようになったよ。

花子：平均最高気温と平均最低湿度の間にはどれくらい相関があるのだろう。

太郎：元のデータを使って，47県の県庁所在地の平均最高気温と平均最低湿度をそれぞれ横軸と縦軸にとって散布図をつくれば分かるよ。

花子：新しい散布図をつくらなくても，図2と図3を使えば，ある程度は分かるよ。

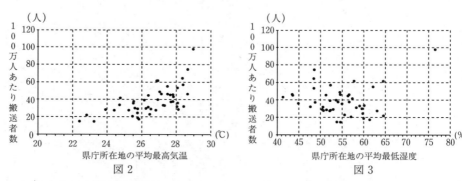

(出典：図2，図3はともに気象庁，消防庁のWebページにより作成。
なお，県庁所在地の平均最低湿度については，埼玉県，滋賀県のデータを含まない。)

（数学I・数学A 第2問は次ページに続く。）

図 2 の県庁所在地の平均最高気温と 100 万人あたり搬送者数の間の相関係数は ウ である。

ウ については，最も適当なものを，次の ⓪〜④ のうちから一つ選べ。

| ⓪ -0.85 | ① -0.03 | ② 0.31 | ③ 0.64 | ④ 8.21 |

県庁所在地の平均最高気温と平均最低湿度の間の相関係数は エ である。

エ については，最も適当なものを，次の ⓪〜④ のうちから一つ選べ。

| ⓪ -1.31 | ① -0.86 | ② -0.25 | ③ 0.94 | ④ 1.85 |

図 2，図 3 から読み取れることとして，次の ⓪〜④ のうち，正しいものは オ である。

オ の解答群

⓪　100 万人あたり搬送者数の上位 3 県は，県庁所在地の平均最高気温においても上位 3 県となっている。

①　県庁所在地の平均最高気温の下位 3 県は，県庁所在地の平均最低湿度においても下位 3 県となっている。

②　県庁所在地の平均最低湿度は，高すぎても低すぎても 100 万人あたり搬送者数が増える傾向にある。

③　100 万人あたり搬送者数が 20 人未満であるすべての県において，県庁所在地の平均最高気温は 26 ℃ 未満である。

④　100 万人あたり搬送者数が 60 人以上であるすべての県において，県庁所在地の平均最低湿度は 70 ％以上である。

（数学 I・数学 A 第 2 問は次ページに続く。）

(3)

> 太郎：平均最低湿度と100万人あたり搬送者数の間には相関は見られないね。それなのに湿度が高い日も注意が必要だと言われるのはどういうことなのだろう。
>
> 花子：平均最低湿度の影響について考えるために，図2で平均最高気温の差が0.5℃程度であるにもかかわらず，100万人あたり搬送者数は3倍もの差がついている沖縄県と大阪府に注目してみようよ。

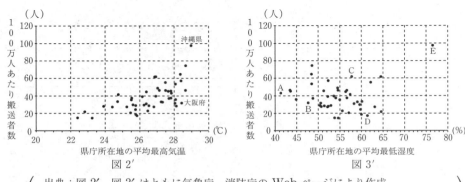

（出典：図2′, 図3′はともに気象庁, 消防庁のWebページにより作成。なお, 県庁所在地の平均最低湿度については, 埼玉県, 滋賀県のデータを含まない。）

図3′において，A～Eのいずれかが沖縄県と大阪府を表す点である。沖縄県と大阪府を表す点の組合せとして正しいものは カ である。なお，図2′は，図2において沖縄県と大阪府を表す点を明示したものである。

カ の解答群

⓪ 沖縄県：A，大阪府：B	① 沖縄県：E，大阪府：B
② 沖縄県：A，大阪府：C	③ 沖縄県：E，大阪府：C
④ 沖縄県：A，大阪府：D	⑤ 沖縄県：E，大阪府：D

（数学Ⅰ・数学A 第2問は次ページに続く。）

(4)

太郎：熱中症のかかりやすさは，気温と湿度の両方を考慮する必要がありそうだね。

花子：気温と湿度の両方を考慮した WBGT という指標があって，平均最高 WBGT が 25 ℃ 以上になると，熱中症に警戒すべきだと言われているそうだよ。

太郎：47 県の県庁所在地の平均最高 WBGT と 100 万人あたり搬送者数をそれぞれ横軸と縦軸にとって散布図をつくると図 4 のようになるよ。

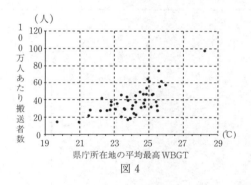
図 4

（出典：消防庁，環境省の Web ページにより作成）

次の ⓪〜③ のうち，図 2′，図 3′，図 4 から読み取れることとして正しくないものは キ である。

キ の解答群

⓪ 平均最高 WBGT の値は平均最高気温の値よりも小さい傾向にある。

① 沖縄県と大阪府の県庁所在地の平均最高 WBGT には 2 ℃ 以上の差がある。

② 県庁所在地の平均最高 WBGT と平均最低湿度の間には正の相関がある。

③ 平均最高 WBGT の値にもとづくと，熱中症に警戒すべき県は少なくとも 10 県ある。

（数学 I・数学 A 第 2 問は次ページに続く。）

〔2〕 下の図のように，底面が 1 辺の長さが $3\sqrt{2}$ の正方形で高さが $6\sqrt{2}$ の直方体 ABCD–EFGH と，次の規則に従って移動する動点 P，Q，R がある。

- 最初，点 P，Q，R はそれぞれ点 A，B，D の位置にあり，点 P，Q，R は同時刻に移動を開始する。
- 点 P は線分 AC 上を，点 Q は辺 BF 上を，点 R は辺 DH 上をそれぞれ向きを変えることなく，一定の速さで移動する。ただし，点 P は毎秒 1 の速さで移動する。
- 点 P，Q，R は，それぞれ点 C，F，H の位置に同時刻に到着し，移動を終了する。

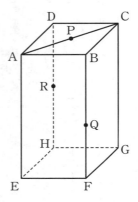

(1) 各点が移動を開始してから，

(i) 4 秒後の線分 PB の長さは，$PB = \sqrt{\boxed{クケ}}$ となる。

(ii) 3 秒後の線分 PQ の長さは，$PQ = \boxed{コ}\sqrt{\boxed{サ}}$ となる。

(iii) 3 秒後の $\triangle PQR$ の面積は，$\triangle PQR = \boxed{シ}\sqrt{\boxed{ス}}$ となる。

（数学 I・数学 A 第 2 問は次ページに続く。）

(2) 各点が移動を開始してから，t 秒後の線分 PQ の長さの平方 PQ^2 を t の式で表すと

$$PQ^2 = \boxed{\text{セ}}\, t^2 - \boxed{\text{ソ}}\, t + \boxed{\text{タチ}}$$

である。

(3) 各点が移動を開始してから終了するまでの間の，△PQR の周の長さの最小値は

$$\boxed{\text{ツ}}\sqrt{\boxed{\text{テト}}} + \boxed{\text{ナ}}$$

である。

(4) 各点が移動を開始してから終了するまでの間に，△PQR が次の(i)～(iii)のような三角形になることは何回あるか。ただし，出発時点や到着時点における △PQR も含むものとする。

(i) 正三角形 $\boxed{\text{ニ}}$ 回

(ii) 直角三角形 $\boxed{\text{ヌ}}$ 回

(iii) 面積が 6 の三角形 $\boxed{\text{ネ}}$ 回

第3問～第5問は，いずれか2問を選択し，解答しなさい。

第3問　（選択問題）（配点　20）

　A店は，人通りの多い交差点に広告を出すことにした。このときの戦略について考えたい。

- A店のある街は，図のように，東西方向，南北方向にそれぞれ5本の道路が走っている。交差点または曲がり角を，図のように「地点1」，「地点2」，…，「地点25」とする。このとき，地点2～地点24のいずれかに広告を出すことにする。

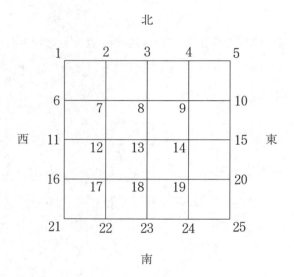

- 地点1から地点25まで，人は西から東，または北から南へ最短距離で移動すると仮定する。つまり，人は，それぞれの交差点において，必ず図の右方向か下方向に進むものとする。
- 地点1から地点25まで移動する最短経路は，どの経路も等しい確率で選ばれるものとする。
- 地点25には，A店の入った駅ビルがあり，この街を通る人はこの駅ビルへ向かって進む。したがって，広告の効果の大小は，広告を出した地点を通る人の割合の大小と一致するものとする。

（数学Ⅰ・数学A 第3問は次ページに続く。）

(1) 地点 1 から地点 25 まで移動する最短経路の数は, $\boxed{\text{アイ}}$ である。

(2) 地点 1 から地点 25 まで移動する人が地点 13 を通る確率は $\dfrac{\boxed{\text{ウエ}}}{\boxed{\text{オカ}}}$ であり,

地点 1 から地点 25 まで移動する人が地点 19 を通る確率は $\dfrac{\boxed{\text{キ}}}{\boxed{\text{ク}}}$ である。

(3) $k = 1,\ 2,\ 3,\ \cdots,\ 25$ とし, 地点 1 から地点 25 まで移動する人が地点 k を通る確率を $P(k)$ とする。次の ⓪～⑤ のうち, $P(k)$ についての正しい関係式であるものは $\boxed{\text{ケ}}$ と $\boxed{\text{コ}}$ である。

$\boxed{\text{ケ}}$, $\boxed{\text{コ}}$ の解答群（解答の順序は問わない。）

⓪ $P(2) = P(10)$	① $P(3) = P(15)$	② $P(6) < P(20)$
③ $P(7) > P(13)$	④ $P(8) < P(18)$	⑤ $P(9) = P(19)$

(4) 地点 13, 地点 14, 地点 15, 地点 19, 地点 20 のうち, 広告の効果が最も高いのは, 地点 $\boxed{\text{サ}}$ である。

$\boxed{\text{サ}}$ の解答群

⓪ 13	① 14	② 15	③ 19	④ 20

（数学 I・数学 A 第 3 問は次ページに続く。）

(5) 次に，地点 25 にある同じ駅ビル内に出店している B 店も広告を出した場合を考える。A 店が地点 13 に広告を出し，B 店が地点 18 に広告を出したとする。

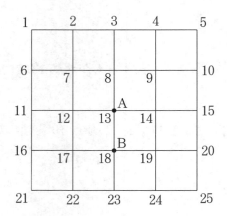

このとき，B 店よりも A 店の方が広告の効果は大きい。しかし，近々，| シ |が工事のため通行止めになることがわかった。通行止めになると，B 店の広告の効果は変わらない一方で，A 店の広告の効果は小さくなる。

| シ |については，最も適当なものを，次の ⓪ ～ ④ のうちから一つ選べ。

- ⓪ 地点 4 と地点 5 の間
- ① 地点 12 と地点 17 の間
- ② 地点 14 と地点 15 の間
- ③ 地点 18 と地点 19 の間
- ④ 地点 19 と地点 24 の間

（数学 I・数学 A 第 3 問は次ページに続く。）

シ が通行止めになることを受けて，A 店は，広告を出す地点を変更することにした。いま，A 店が広告を出すことができるのは，地点 7，地点 13，地点 14，地点 17，地点 20 のどれかであるとする。 シ が通行止めになったとき，A 店の広告の効果が最大となるのは，このうちの地点 ス に広告を出したときである。

ス については，最も適当なものを，次の ⓪〜④ のうちから一つ選べ。

⓪ 7　　　　① 13　　　　② 14　　　　③ 17　　　　④ 20

第3問～第5問は，いずれか2問を選択し，解答しなさい。

第4問 （選択問題）（配点 20）

次の問題1について考えよう。

問題1 n を正の整数とする。$n+18$ が $n+2$ の倍数となるような n の値の個数を求めよ。

(1) 問題1は次のような構想をもとに解くことができる。

問題1の解決の構想

整数 a が整数 b の倍数であることは，□ア□ と同値である。

$$n+18=(n+2)+16$$

であるから，$n+18$ が $n+2$ の倍数であるとき，$n+2$ は 16 の □イ□ である。

問題1の解決の構想をふまえると，n を正の整数とするとき，$n+18$ が $n+2$ の倍数となるような n の値は □ウ□ 個ある。この □ウ□ 個の n のうち，最小のものは $n=$ □エ□ であり，最大のものは $n=$ □オカ□ である。

（数学 I・数学 A 第4問は次ページに続く。）

ア の解答群

⓪ a と b が互いに素であること

① a と b がともに素数であること

② a と b がともに合成数であること

③ a と b の最大公約数が a であること

④ a と b の最大公約数が b であること

イ の解答群

⓪ 約数　　　　① 公約数　　　　② 倍数　　　　③ 公倍数

（数学 I・数学 A 第 4 問は次ページに続く。）

(2) 花子さんと太郎さんは，次の**問題2**について考えている。

$\boxed{問題2}$　n を正の整数とする。$(n+9)(n+10)$ が $n+1$ の倍数となるような n の値の個数を求めよ。

問題2について，二人はそれぞれ次のような構想を立てた。

┌─ 太郎さんの構想 ─────────────────────────

(I)　$n+9$ が $n+1$ の倍数となるとき

$$n+9=(n+1)+8$$

より，$n+1$ は 8 の $\boxed{イ}$である。

(II)　$n+10$ が $n+1$ の倍数となるとき

$$n+10=(n+1)+9$$

より，$n+1$ は 9 の $\boxed{イ}$である。

以上より，n の値の個数を求める。

└───────────────────────────────────

┌─ 花子さんの構想 ─────────────────────────

$$(n+9)(n+10)=n^2+19n+90$$
$$=n(n+1)+18(n+1)+72$$
$$=(n+18)(n+1)+72$$

より，$n+1$ は 72 の $\boxed{イ}$である。

以上より，n の値の個数を求める。

└───────────────────────────────────

（数学 I・数学 A 第 4 問は次ページに続く。）

花子：**太郎さんの構想**で考えたときの答えと違うね。

太郎：二人の構想のうち，どちらかは正しくないということだね。

違う答えが出てしまった理由は，$n+1$ が ☐キ☐ である。

☐キ☐ については，最も適当なものを，次の ⓪〜⑤ のうちから一つ選べ。

⓪ 8 の約数であり，かつ 9 の約数でもあるような n の値はないから

① 8 の倍数であり，かつ 9 の倍数でもあるような n の値があるから

② $n+9$，$n+10$ のどちらとも互いに素であるような n の値はないから

③ $n+9$，$n+10$ のどちらとも互いに素であるような n の値があるから

④ $n+9$，$n+10$ のどちらとも互いに素でないような n の値はないから

⑤ $n+9$，$n+10$ のどちらとも互いに素でないような n の値があるから

n を正の整数とするとき，$(n+9)(n+10)$ が $n+1$ の倍数となるような n の値は ☐クケ☐ 個ある。この ☐クケ☐ 個の n のうち，最大のものは $n=$ ☐コサ☐ である。

第3問～第5問は，いずれか2問を選択し，解答しなさい。

第5問 （選択問題）（配点 20）

(1) 太郎さんと花子さんは，三角形 ABC の辺 AB，BC，CA またはその延長が，三角形の内部を通る一つの直線 l とそれぞれ点 P，Q，R で交わるとき

$$\frac{AP}{PB} \cdot \frac{BQ}{QC} \cdot \frac{CR}{RA} = 1 \quad \cdots\cdots\cdots\cdots\cdots\cdots (*)$$

が成り立つこと（定理 A）を知り，その理由について，次のように考えた。

―定理 A が成り立つ理由―

点 A，B，C から直線 l に下ろした垂線と直線 l の交点をそれぞれ A′，B′，C′ とする。

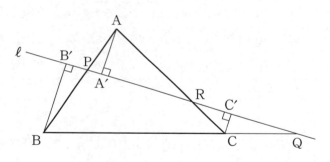

このとき

$$\frac{AP}{PB} = \boxed{ア}, \quad \frac{BQ}{QC} = \boxed{イ}, \quad \frac{CR}{RA} = \boxed{ウ}$$

であるから，(*) は成り立つ。

$\boxed{ア}$ ～ $\boxed{ウ}$ の解答群（同じものを繰り返し選んでもよい。）

⓪ $\dfrac{AA'}{BB'}$	① $\dfrac{AA'}{CC'}$	② $\dfrac{BB'}{AA'}$
③ $\dfrac{BB'}{CC'}$	④ $\dfrac{CC'}{AA'}$	⑤ $\dfrac{CC'}{BB'}$

（数学 I・数学 A 第5問は次ページに続く。）

太郎さんと花子さんは，先生から，三角形 ABC の頂点 C, A, B と三角形の内部の点 O を通る直線 CO, AO, BO が，辺 AB, BC, CA とそれぞれ点 P, Q, R で交わるときも，(*) が成り立つこと（定理 B）を教わり，その理由について，次のように考えた。

定理 B が成り立つ理由

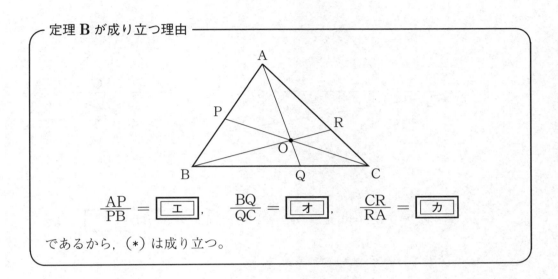

$\dfrac{AP}{PB} = \boxed{エ}$, $\dfrac{BQ}{QC} = \boxed{オ}$, $\dfrac{CR}{RA} = \boxed{カ}$

であるから，(*) は成り立つ。

$\boxed{エ}$〜$\boxed{カ}$ の解答群（同じものを繰り返し選んでもよい。）

⓪ $\dfrac{\triangle OAB}{\triangle OAC}$		① $\dfrac{\triangle OAC}{\triangle OBC}$		② $\dfrac{\triangle OAP}{\triangle OAR}$	
③ $\dfrac{\triangle OAR}{\triangle OBQ}$		④ $\dfrac{\triangle OBC}{\triangle OAB}$		⑤ $\dfrac{\triangle OBP}{\triangle OCR}$	
⑥ $\dfrac{\triangle OBQ}{\triangle OBP}$		⑦ $\dfrac{\triangle OCQ}{\triangle OAP}$		⑧ $\dfrac{\triangle OCR}{\triangle OCQ}$	

（数学 I・数学 A 第 5 問は次ページに続く。）

(2) 次に，太郎さんは，定理Aにおいて，下の図1のように直線 ℓ が辺 AB, BC, CA のどれとも交わらないときや，定理Bにおいて，下の図2のように点Oが三角形の外部（ただし，直線 AB, BC, CA 上の点を除く）にあるときも，(*)が成り立つのではないかと考えた。

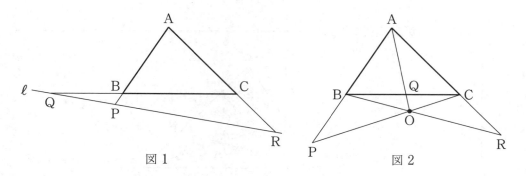

図1　　　図2

(*)に関する次の(a), (b)の正誤の組合せとして正しいものは キ である。

(a) 図1において，(*)は成り立つ。
(b) 図2において，(*)は成り立つ。

キ の解答群

	⓪	①	②	③
(a)	正	正	誤	誤
(b)	正	誤	正	誤

（数学I・数学A 第5問は次ページに続く。）

(3) 花子さんは，三角形以外の図形について，(∗) と同様の関係が成り立つのではないかと考え，次の**命題 X**，**命題 Y** について考えることにした。

命題 X 直線 ℓ が，すべての内角が 180° よりも小さい四角形 ABCD の辺 AB，CD とそれぞれ点 P，R で交わり，辺 BC，DA の延長とそれぞれ点 Q，S で交わるとき

$$\frac{AP}{PB} \cdot \frac{BQ}{QC} \cdot \frac{CR}{RD} \cdot \frac{DS}{SA} = 1$$

が成り立つ。

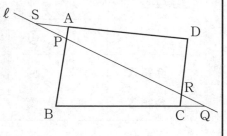

命題 Y すべての内角が 180° よりも小さい四角形 ABCD の頂点 D，A，B，C と，四角形の内部の点 O を結ぶ直線 DO，AO，BO，CO が，辺 AB，BC，CD，DA またはその延長とそれぞれ点 P，Q，R，S で交わるとき

$$\frac{AP}{PB} \cdot \frac{BQ}{QC} \cdot \frac{CR}{RD} \cdot \frac{DS}{SA} = 1$$

が成り立つ。

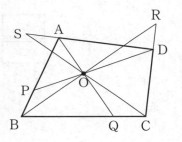

(数学Ⅰ・数学A 第 5 問は次ページに続く。)

命題 **X** と命題 **Y** の真偽の組合せとして正しいものは $\boxed{\quad ク \quad}$ である。

$\boxed{\quad ク \quad}$ の解答群

	⓪	①	②	③
命題 **X**	真	真	偽	偽
命題 **Y**	真	偽	真	偽

(4) △ABC において，辺 AB を $2 : 3$ に内分する点を D とし，辺 AC を $3 : 2$ に内分する点を E とする。線分 BE と線分 CD の交点を F とし，直線 AF と線分 BC の交点を G，直線 AF と線分 DE の交点を H とすると

$$\frac{\text{EH}}{\text{HD}} = \frac{\boxed{\quad ケ \quad}}{\boxed{\quad コ \quad}}$$

である。

2023 本試

$\left(\begin{array}{c}100点\\70分\end{array}\right)$

〔数学 I・A〕

注 意 事 項

1 数学解答用紙（2023 本試）をキリトリ線より切り離し，試験開始の準備をしなさい。

2 時間を計り，上記の解答時間内で解答しなさい。

 ただし，納得のいくまで時間をかけて解答するという利用法でもかまいません。

3 第1問，第2問は必答。第3問〜第5問から2問選択。計4問を解答しなさい。

4 この回の問題は，このページを含め，30ページあります。

5 解答用紙には解答欄以外に受験番号欄，氏名欄，試験場コード欄，解答科目欄があります。解答科目欄は解答する科目を一つ選び，マークしなさい。その他の欄は自分自身で本番を想定し，正しく記入し，マークしなさい。

6 解答は解答用紙の解答欄にマークしなさい。

7 選択問題については，解答する問題を決めたあと，その問題番号の解答欄に解答しなさい。ただし，**指定された問題数をこえて解答してはいけません。**

8 問題の余白は適宜利用してよいが，どのページも切り離してはいけません。

第 1 問 （必答問題）（配点　30）

〔1〕　実数 x についての不等式

$$|x + 6| \leqq 2$$

の解は

$$\boxed{\text{アイ}} \leqq x \leqq \boxed{\text{ウエ}}$$

である。

　よって，実数 a, b, c, d が

$$|(1 - \sqrt{3})(a - b)(c - d) + 6| \leqq 2$$

を満たしているとき，$1 - \sqrt{3}$ は負であることに注意すると，$(a - b)(c - d)$ のとり得る値の範囲は

$$\boxed{\text{オ}} + \boxed{\text{カ}}\sqrt{3} \leqq (a - b)(c - d) \leqq \boxed{\text{キ}} + \boxed{\text{ク}}\sqrt{3}$$

であることがわかる。

（数学 I ・数学 A 第 1 問は次ページに続く。）

特に

$$(a-b)(c-d) = \boxed{\ \text{キ}\ } + \boxed{\ \text{ク}\ }\ \sqrt{3} \qquad\cdots\cdots\cdots\cdots\cdots\cdots ①$$

であるとき，さらに

$$(a-c)(b-d) = -3+\sqrt{3} \qquad\cdots\cdots\cdots\cdots\cdots\cdots ②$$

が成り立つならば

$$(a-d)(c-b) = \boxed{\ \text{ケ}\ } + \boxed{\ \text{コ}\ }\ \sqrt{3} \qquad\cdots\cdots\cdots\cdots\cdots\cdots ③$$

であることが，等式①，②，③の左辺を展開して比較することによりわかる。

（数学Ⅰ・数学A第1問は次ページに続く。）

〔2〕

(1) 点Oを中心とし，半径が5である円Oがある。この円周上に2点A，B
を AB = 6 となるようにとる。また，円Oの円周上に，2点A，Bとは異
なる点Cをとる。

(i) sin ∠ACB = $\boxed{サ}$ である。また，点Cを ∠ACB が鈍角となるよう
にとるとき，cos ∠ACB = $\boxed{シ}$ である。

(ii) 点Cを △ABC の面積が最大となるようにとる。点Cから直線 AB に垂
直な直線を引き，直線 AB との交点をD とするとき，

tan ∠OAD = $\boxed{ス}$ である。また，△ABC の面積は $\boxed{セソ}$ である。

$\boxed{サ}$ ～ $\boxed{ス}$ の解答群(同じものを繰り返し選んでもよい。)

⓪ $\dfrac{3}{5}$ ① $\dfrac{3}{4}$ ② $\dfrac{4}{5}$ ③ 1 ④ $\dfrac{4}{3}$

⑤ $-\dfrac{3}{5}$ ⑥ $-\dfrac{3}{4}$ ⑦ $-\dfrac{4}{5}$ ⑧ -1 ⑨ $-\dfrac{4}{3}$

(数学Ⅰ・数学A第1問は6ページに続く。)

（下 書 き 用 紙）

数学Ⅰ・数学Ａの試験問題は次に続く。

(2) 半径が5である球Sがある。この球面上に3点P，Q，Rをとったとき，これらの3点を通る平面α上でPQ＝8，QR＝5，RP＝9であったとする。

　球Sの球面上に点Tを三角錐TPQRの体積が最大となるようにとるとき，その体積を求めよう。

　まず，$\cos \angle QPR = \dfrac{\boxed{タ}}{\boxed{チ}}$ であることから，△PQRの面積は

$\boxed{ツ}\sqrt{\boxed{テト}}$ である。

　次に，点Tから平面αに垂直な直線を引き，平面αとの交点をHとする。このとき，PH，QH，RHの長さについて，$\boxed{ナ}$が成り立つ。

　以上より，三角錐TPQRの体積は$\boxed{ニヌ}\left(\sqrt{\boxed{ネノ}}+\sqrt{\boxed{ハ}}\right)$である。

$\boxed{ナ}$ の解答群

⓪　PH＜QH＜RH　　　　　① PH＜RH＜QH

②　QH＜PH＜RH　　　　　③ QH＜RH＜PH

④　RH＜PH＜QH　　　　　⑤ RH＜QH＜PH

⑥　PH＝QH＝RH

（下 書 き 用 紙）

数学Ⅰ・数学Aの試験問題は次に続く。

第2問 （必答問題）（配点 30）

〔1〕 太郎さんは，総務省が公表している 2020 年の家計調査の結果を用いて，地域による食文化の違いについて考えている。家計調査における調査地点は，都道府県庁所在市および政令指定都市（都道府県庁所在市を除く）であり，合計 52 市である。家計調査の結果の中でも，スーパーマーケットなどで販売されている調理食品の「二人以上の世帯の 1 世帯当たり年間支出金額（以下，支出金額，単位は円）」を分析することにした。以下においては，52 市の調理食品の支出金額をデータとして用いる。

太郎さんは調理食品として，最初にうなぎのかば焼き（以下，かば焼き）に着目し，図 1 のように 52 市におけるかば焼きの支出金額のヒストグラムを作成した。ただし，ヒストグラムの各階級の区間は，左側の数値を含み，右側の数値を含まない。

なお，以下の図や表については，総務省の Web ページをもとに作成している。

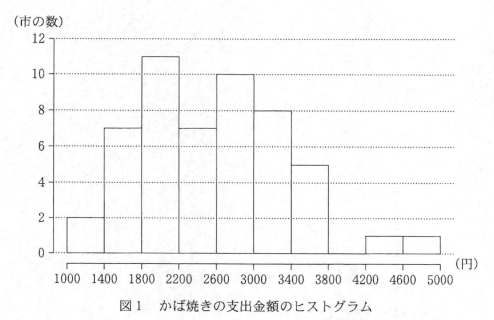

図 1　かば焼きの支出金額のヒストグラム

（数学Ⅰ・数学A第 2 問は次ページに続く。）

(1) 図1から次のことが読み取れる。

- 第1四分位数が含まれる階級は ア である。

- 第3四分位数が含まれる階級は イ である。

- 四分位範囲は ウ 。

ア ， イ の解答群(同じものを繰り返し選んでもよい。)

⓪	1000 以上 1400 未満	①	1400 以上 1800 未満
②	1800 以上 2200 未満	③	2200 以上 2600 未満
④	2600 以上 3000 未満	⑤	3000 以上 3400 未満
⑥	3400 以上 3800 未満	⑦	3800 以上 4200 未満
⑧	4200 以上 4600 未満	⑨	4600 以上 5000 未満

ウ の解答群

⓪ 800 より小さい

① 800 より大きく 1600 より小さい

② 1600 より大きく 2400 より小さい

③ 2400 より大きく 3200 より小さい

④ 3200 より大きく 4000 より小さい

⑤ 4000 より大きい

(数学 I・数学 A 第 2 問は次ページに続く。)

(2) 太郎さんは，東西での地域による食文化の違いを調べるために，52市を東側の地域E(19市)と西側の地域W(33市)の二つに分けて考えることにした。

(i) 地域Eと地域Wについて，かば焼きの支出金額の箱ひげ図を，図2，図3のようにそれぞれ作成した。

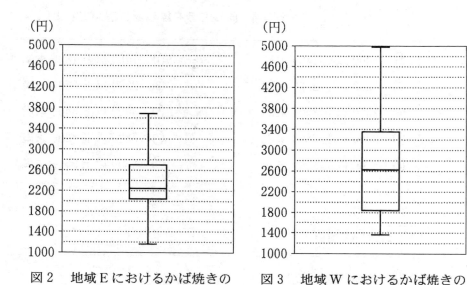

図2 地域Eにおけるかば焼きの支出金額の箱ひげ図

図3 地域Wにおけるかば焼きの支出金額の箱ひげ図

かば焼きの支出金額について，図2と図3から読み取れることとして，次の⓪～③のうち，正しいものは エ である。

エ の解答群

⓪ 地域Eにおいて，小さい方から5番目は2000以下である。
① 地域Eと地域Wの範囲は等しい。
② 中央値は，地域Eより地域Wの方が大きい。
③ 2600未満の市の割合は，地域Eより地域Wの方が大きい。

(数学Ⅰ・数学A第2問は次ページに続く。)

(ii) 太郎さんは，地域 E と地域 W のデータの散らばりの度合いを数値でとらえようと思い，それぞれの分散を考えることにした。地域 E におけるかば焼きの支出金額の分散は，地域 E のそれぞれの市におけるかば焼きの支出金額の偏差の $\boxed{\text{オ}}$ である。

$\boxed{\text{オ}}$ の解答群

⓪ 2 乗を合計した値

① 絶対値を合計した値

② 2 乗を合計して地域 E の市の数で割った値

③ 絶対値を合計して地域 E の市の数で割った値

④ 2 乗を合計して地域 E の市の数で割った値の平方根のうち
　　正のもの

⑤ 絶対値を合計して地域 E の市の数で割った値の平方根のうち
　　正のもの

(数学Ⅰ・数学A第2問は次ページに続く。)

(3) 太郎さんは，(2)で考えた地域Eにおける，やきとりの支出金額についても調べることにした。

ここでは地域Eにおいて，やきとりの支出金額が増加すれば，かば焼きの支出金額も増加する傾向があるのではないかと考え，まず図4のように，地域Eにおける，やきとりとかば焼きの支出金額の散布図を作成した。そして，相関係数を計算するために，表1のように平均値，分散，標準偏差および共分散を算出した。ただし，共分散は地域Eのそれぞれの市における，やきとりの支出金額の偏差とかば焼きの支出金額の偏差との積の平均値である。

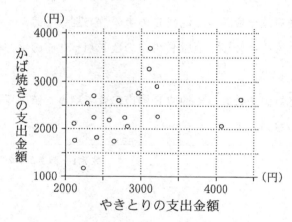

図4 地域Eにおける，やきとりとかば焼きの支出金額の散布図

表1 地域Eにおける，やきとりとかば焼きの支出金額の平均値，分散，標準偏差および共分散

	平均値	分　散	標準偏差	共分散
やきとりの支出金額	2810	348100	590	124000
かば焼きの支出金額	2350	324900	570	

(数学Ⅰ・数学A第2問は次ページに続く。)

表1を用いると，地域Eにおける，やきとりの支出金額とかば焼きの支出金額の相関係数は　　カ　　である。

　　カ　　については，最も適当なものを，次の⓪〜⑨のうちから一つ選べ。

⓪	-0.62	①	-0.50	②	-0.37	③	-0.19
④	-0.02	⑤	0.02	⑥	0.19	⑦	0.37
⑧	0.50	⑨	0.62						

（数学Ⅰ・数学A第2問は次ページに続く。）

〔2〕 太郎さんと花子さんは，バスケットボールのプロ選手の中には，リングと同じ高さでシュートを打てる人がいることを知り，シュートを打つ高さによってボールの軌道がどう変わるかについて考えている。

二人は，図1のように座標軸が定められた平面上に，プロ選手と花子さんがシュートを打つ様子を真横から見た図をかき，ボールがリングに入った場合について，後の**仮定**を設定して考えることにした。長さの単位はメートルであるが，以下では省略する。

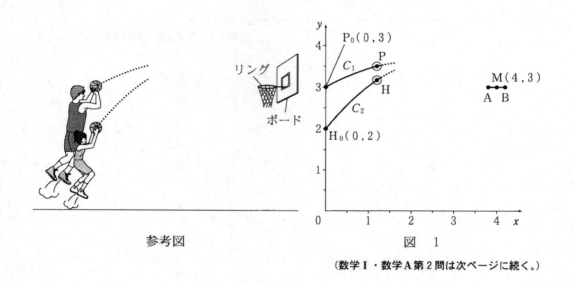

参考図

図　1

（数学Ⅰ・数学A第2問は次ページに続く。）

仮定

- 平面上では，ボールを直径 0.2 の円とする。
- リングを真横から見たときの左端を点 A$(3.8, 3)$，右端を点 B$(4.2, 3)$ とし，リングの太さは無視する。
- ボールがリングや他のものに当たらずに上からリングを通り，かつ，ボールの中心が AB の中点 M$(4, 3)$ を通る場合を考える。ただし，ボールがリングに当たるとは，ボールの中心と A または B との距離が 0.1 以下になることとする。
- プロ選手がシュートを打つ場合のボールの中心を点 P とし，P は，はじめに点 $P_0(0, 3)$ にあるものとする。また，P_0，M を通る，上に凸の放物線を C_1 とし，P は C_1 上を動くものとする。
- 花子さんがシュートを打つ場合のボールの中心を点 H とし，H は，はじめに点 $H_0(0, 2)$ にあるものとする。また，H_0，M を通る，上に凸の放物線を C_2 とし，H は C_2 上を動くものとする。
- 放物線 C_1 や C_2 に対して，頂点の y 座標を「シュートの高さ」とし，頂点の x 座標を「ボールが最も高くなるときの地上の位置」とする。

(1) 放物線 C_1 の方程式における x^2 の係数を a とする。放物線 C_1 の方程式は

$$y = ax^2 - \boxed{\text{キ}}\, ax + \boxed{\text{ク}}$$

と表すことができる。また，プロ選手の「シュートの高さ」は

$$-\boxed{\text{ケ}}\, a + \boxed{\text{コ}}$$

である。

（数学 I・数学 A 第 2 問は次ページに続く。）

放物線 C_2 の方程式における x^2 の係数を p とする。放物線 C_2 の方程式は

$$y = p\left\{x - \left(2 - \frac{1}{8p}\right)\right\}^2 - \frac{(16p-1)^2}{64p} + 2$$

と表すことができる。

　プロ選手と花子さんの「ボールが最も高くなるときの地上の位置」の比較の記述として、次の⓪~③のうち、正しいものは　サ　である。

　サ　の解答群

⓪　プロ選手と花子さんの「ボールが最も高くなるときの地上の位置」は、つねに一致する。

①　プロ選手の「ボールが最も高くなるときの地上の位置」の方が、つねに M の x 座標に近い。

②　花子さんの「ボールが最も高くなるときの地上の位置」の方が、つねに M の x 座標に近い。

③　プロ選手の「ボールが最も高くなるときの地上の位置」の方が M の x 座標に近いときもあれば、花子さんの「ボールが最も高くなるときの地上の位置」の方が M の x 座標に近いときもある。

（数学 I・数学 A 第 2 問は 18 ページに続く。）

（下 書 き 用 紙）

数学Ⅰ・数学Aの試験問題は次に続く。

(2) 二人は，ボールがリングすれすれを通る場合のプロ選手と花子さんの「シュートの高さ」について次のように話している。

> 太郎：例えば，プロ選手のボールがリングに当たらないようにするには，Pがリングの左端Aのどのくらい上を通れば良いのかな。
> 花子：Aの真上の点でPが通る点Dを，線分DMがAを中心とする半径0.1の円と接するようにとって考えてみたらどうかな。
> 太郎：なるほど。Pの軌道は上に凸の放物線で山なりだから，その場合，図2のように，PはDを通った後で線分DMより上側を通るのでボールはリングに当たらないね。花子さんの場合も，HがこのDを通れば，ボールはリングに当たらないね。
> 花子：放物線C_1とC_2がDを通る場合でプロ選手と私の「シュートの高さ」を比べてみようよ。

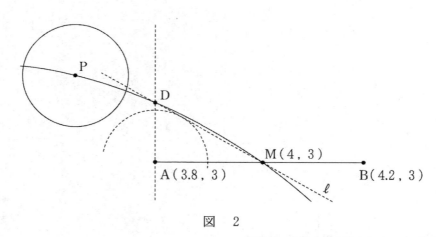

図　2

（数学Ⅰ・数学A第2問は次ページに続く。）

図 2 のように，M を通る直線 ℓ が，A を中心とする半径 0.1 の円に直線 AB の上側で接しているとする。また，A を通り直線 AB に垂直な直線を引き，ℓ との交点を D とする。このとき，$AD = \dfrac{\sqrt{3}}{15}$ である。

よって，放物線 C_1 が D を通るとき，C_1 の方程式は

$$y = -\frac{\boxed{シ}\sqrt{\boxed{ス}}}{\boxed{セソ}}\left(x^2 - \boxed{キ}\,x\right) + \boxed{ク}$$

となる。

また，放物線 C_2 が D を通るとき，(1)で与えられた C_2 の方程式を用いると，花子さんの「**シュートの高さ**」は約 3.4 と求められる。

以上のことから，放物線 C_1 と C_2 が D を通るとき，プロ選手と花子さんの「**シュートの高さ**」を比べると，$\boxed{タ}$ の「**シュートの高さ**」の方が大きく，その差はボール $\boxed{チ}$ である。なお，$\sqrt{3} = 1.7320508\cdots$ である。

$\boxed{タ}$ の解答群

⓪ プロ選手	① 花子さん

$\boxed{チ}$ については，最も適当なものを，次の⓪～③のうちから一つ選べ。

⓪ 約 1 個分	① 約 2 個分	② 約 3 個分	③ 約 4 個分

第3問～第5問は，いずれか2問を選択し，解答しなさい。

第3問 （選択問題）（配点 20）

番号によって区別された複数の球が，何本かのひもでつながれている。ただし，各ひもはその両端で二つの球をつなぐものとする。次の**条件**を満たす球の塗り分け方(以下，球の塗り方)を考える。

- 条件
  - それぞれの球を，用意した5色(赤，青，黄，緑，紫)のうちのいずれか1色で塗る。
  - 1本のひもでつながれた二つの球は異なる色になるようにする。
  - 同じ色を何回使ってもよく，また使わない色があってもよい。

例えば図Aでは，三つの球が2本のひもでつながれている。この三つの球を塗るとき，球1の塗り方が5通りあり，球1を塗った後，球2の塗り方は4通りあり，さらに球3の塗り方は4通りある。したがって，球の塗り方の総数は80である。

図 A

(1) 図Bにおいて，球の塗り方は アイウ 通りある。

図 B

（数学Ⅰ・数学A第3問は次ページに続く。）

(2) 図Cにおいて，球の塗り方は エオ 通りある。

図　C

(3) 図Dにおける球の塗り方のうち，赤をちょうど2回使う塗り方は カキ 通りある。

図　D

(4) 図Eにおける球の塗り方のうち，赤をちょうど3回使い，かつ青をちょうど2回使う塗り方は クケ 通りある。

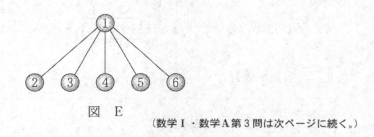

図　E

（数学Ⅰ・数学A第3問は次ページに続く。）

(5) 図Dにおいて，球の塗り方の総数を求める。

図　D（再掲）

そのために，次の**構想**を立てる。

構想

図Dと図Fを比較する。

図　F

図Fでは球3と球4が同色になる球の塗り方が可能であるため，図Dよりも図Fの球の塗り方の総数の方が大きい。

図Fにおける球の塗り方は，図Bにおける球の塗り方と同じであるため，全部で アイウ 通りある。そのうち球3と球4が同色になる球の塗り方の総数と一致する図として，後の⓪〜④のうち，正しいものは コ である。したがって，図Dにおける球の塗り方は サシス 通りある。

コ の解答群

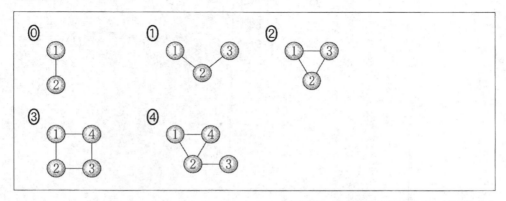

（数学Ⅰ・数学A第3問は次ページに続く。）

(6) 図Gにおいて，球の塗り方は セソタチ 通りある。

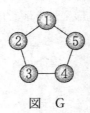

図　G

第3問～第5問は，いずれか2問を選択し，解答しなさい。

第4問 （選択問題）（配点 20）

色のついた長方形を並べて正方形や長方形を作ることを考える。色のついた長方形は，向きを変えずにすき間なく並べることとし，色のついた長方形は十分あるものとする。

(1) 横の長さが 462 で縦の長さが 110 である赤い長方形を，図1のように並べて正方形や長方形を作ることを考える。

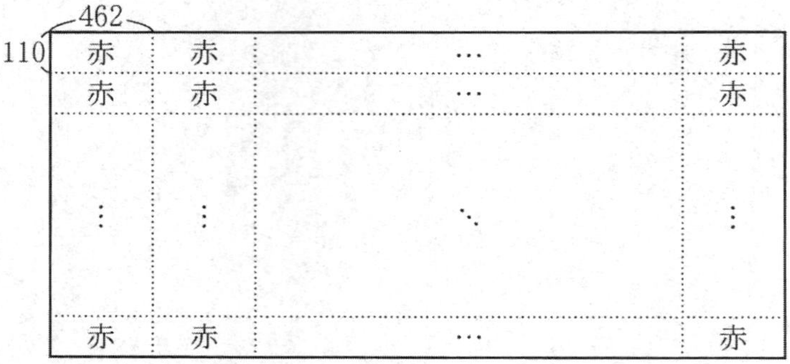

図　1

（数学Ⅰ・数学A第4問は次ページに続く。）

462 と 110 の両方を割り切る素数のうち最大のものは　アイ　である。

赤い長方形を並べて作ることができる正方形のうち，辺の長さが最小であるものは，一辺の長さが　ウエオカ　のものである。

また，赤い長方形を並べて正方形ではない長方形を作るとき，横の長さと縦の長さの差の絶対値が最小になるのは，462 の約数と 110 の約数を考えると，差の絶対値が　キク　になるときであることがわかる。

縦の長さが横の長さより　キク　長い長方形のうち，横の長さが最小であるものは，横の長さが　ケコサシ　のものである。

(数学Ⅰ・数学A第4問は次ページに続く。)

(2) 花子さんと太郎さんは，(1)で用いた赤い長方形を1枚以上並べて長方形を作り，その右側に横の長さが 363 で縦の長さが 154 である青い長方形を1枚以上並べて，図2のような正方形や長方形を作ることを考えている．

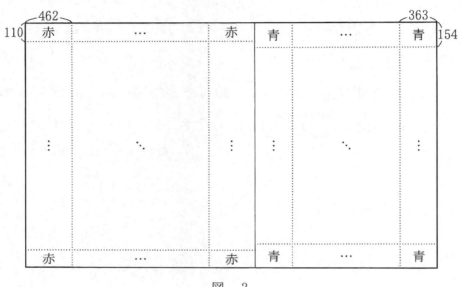

図　2

このとき，赤い長方形を並べてできる長方形の縦の長さと，青い長方形を並べてできる長方形の縦の長さは等しい．よって，図2のような長方形のうち，縦の長さが最小のものは，縦の長さが スセソ のものであり，図2のような長方形は縦の長さが スセソ の倍数である．

（数学Ⅰ・数学A第4問は次ページに続く．）

二人は，次のように話している。

花子：赤い長方形と青い長方形を図 2 のように並べて正方形を作ってみよう
　　　よ。

太郎：赤い長方形の横の長さが 462 で青い長方形の横の長さが 363 だから，
　　　図 2 のような正方形の横の長さは 462 と 363 を組み合わせて作ること
　　　ができる長さでないといけないね。

花子：正方形だから，横の長さは スセソ の倍数でもないといけないね。

462 と 363 の 最 大 公 約 数 は タチ で あ り， タチ の 倍 数 の う ち で
スセソ の倍数でもある最小の正の整数は ツテトナ である。

これらのことと，使う長方形の枚数が赤い長方形も青い長方形も 1 枚以上であ
ることから，図 2 のような正方形のうち，辺の長さが最小であるものは，一辺の
長さが ニヌネノ のものであることがわかる。

第3問～第5問は、いずれか2問を選択し、解答しなさい。

第5問 （選択問題）（配点 20）

(1) 円Oに対して、次の**手順1**で作図を行う。

手順1

(Step 1) 円Oと異なる2点で交わり、中心Oを通らない直線 ℓ を引く。円Oと直線 ℓ との交点をA, Bとし、線分ABの中点Cをとる。

(Step 2) 円Oの周上に、点Dを∠CODが鈍角となるようにとる。直線CDを引き、円Oとの交点でDとは異なる点をEとする。

(Step 3) 点Dを通り直線OCに垂直な直線を引き、直線OCとの交点をFとし、円Oとの交点でDとは異なる点をGとする。

(Step 4) 点Gにおける円Oの接線を引き、直線 ℓ との交点をHとする。

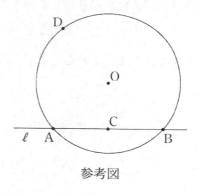

参考図

このとき、直線 ℓ と点Dの位置によらず、直線EHは円Oの接線である。このことは、次の**構想**に基づいて、後のように説明できる。

（数学Ⅰ・数学A第5問は次ページに続く。）

┌─ 構想 ─────────────────────────────────────┐

直線 EH が円 O の接線であることを証明するためには，

∠OEH = $\boxed{\text{アイ}}$ °であることを示せばよい。

└───┘

手順 1 の(Step 1)と(Step 4)により，4 点 C, G, H, $\boxed{\text{ウ}}$ は同一円周上に

あることがわかる。よって，∠CHG = $\boxed{\text{エ}}$ である。一方，点 E は円 O の周

上にあることから，$\boxed{\text{エ}}$ = $\boxed{\text{オ}}$ がわかる。よって，∠CHG = $\boxed{\text{オ}}$

であるので，4 点 C, G, H, $\boxed{\text{カ}}$ は同一円周上にある。この円が点 $\boxed{\text{ウ}}$

を通ることにより，∠OEH = $\boxed{\text{アイ}}$ °を示すことができる。

$\boxed{\text{ウ}}$ の解答群

┌───┐
⓪ B   ① D   ② F   ③ O
└───┘

$\boxed{\text{エ}}$ の解答群

┌───┐
⓪ ∠AFC   ① ∠CDF   ② ∠CGH   ③ ∠CBO   ④ ∠FOG
└───┘

$\boxed{\text{オ}}$ の解答群

┌───┐
⓪ ∠AED   ① ∠ADE   ② ∠BOE   ③ ∠DEG   ④ ∠EOH
└───┘

$\boxed{\text{カ}}$ の解答群

┌───┐
⓪ A   ① D   ② E   ③ F
└───┘

(数学 I・数学 A 第 5 問は次ページに続く。)

(2) 円 O に対して，(1)の**手順 1** とは直線 ℓ の引き方を変え，次の**手順 2** で作図を行う。

手順 2

(Step 1) 円 O と共有点をもたない直線 ℓ を引く。中心 O から直線 ℓ に垂直な直線を引き，直線 ℓ との交点を P とする。

(Step 2) 円 O の周上に，点 Q を ∠POQ が鈍角となるようにとる。直線 PQ を引き，円 O との交点で Q とは異なる点を R とする。

(Step 3) 点 Q を通り直線 OP に垂直な直線を引き，円 O との交点で Q とは異なる点を S とする。

(Step 4) 点 S における円 O の接線を引き，直線 ℓ との交点を T とする。

このとき，∠PTS ＝ $\boxed{\text{キ}}$ である。

円 O の半径が $\sqrt{5}$ で，OT ＝ $3\sqrt{6}$ であったとすると，3 点 O，P，R を通る

円の半径は $\dfrac{\boxed{\text{ク}}\,\sqrt{\boxed{\text{ケ}}}}{\boxed{\text{コ}}}$ であり，RT ＝ $\boxed{\text{サ}}$ である。

$\boxed{\text{キ}}$ の解答群

⓪ ∠PQS	① ∠PST	② ∠QPS	③ ∠QRS	④ ∠SRT

2023 追試

$\binom{100点}{70分}$

〔数学 I・A〕

注 意 事 項

1 　数学解答用紙（2023　追試）をキリトリ線より切り離し，試験開始の準備をしなさい。

2 　時間を計り，上記の解答時間内で解答しなさい。

　ただし，納得のいくまで時間をかけて解答するという利用法でもかまいません。

3 　第1問，第2問は必答。第3問〜第5問から2問選択。計4問を解答しなさい。

4 　この回の問題は，このページを含め，27ページあります。

5 　解答用紙には解答欄以外に受験番号欄，氏名欄，試験場コード欄，解答科目欄があります。解答科目欄は解答する科目を一つ選び，マークしなさい。その他の欄は自分自身で本番を想定し，正しく記入し，マークしなさい。

6 　解答は解答用紙の解答欄にマークしなさい。

7 　選択問題については，解答する問題を決めたあと，その問題番号の解答欄に解答しなさい。ただし，**指定された問題数をこえて解答してはいけません。**

8 　問題の余白は適宜利用してよいが，どのページも切り離してはいけません。

第1問 (必答問題) (配点 30)

〔1〕 k を定数として，x についての不等式

$$\sqrt{5}\,x < k - x < 2x + 1 \qquad \cdots\cdots\cdots\cdots\cdots ①$$

を考える。

⑴ 不等式 $k - x < 2x + 1$ を解くと

$$x > \frac{k - \boxed{\text{ア}}}{\boxed{\text{イ}}}$$

であり，不等式 $\sqrt{5}\,x < k - x$ を解くと

$$x < \frac{\boxed{\text{ウエ}} + \sqrt{5}}{\boxed{\text{オ}}}\,k$$

である。

　よって，不等式 ① を満たす x が存在するような k の値の範囲は

$$k < \boxed{\text{カ}} + \boxed{\text{キ}}\,\sqrt{5} \qquad \cdots\cdots\cdots\cdots\cdots ②$$

である。

(数学Ⅰ・数学A第1問は次ページに続く。)

⑵ p, qは$p < q$を満たす実数とする。xの値の範囲$p < x < q$に対し、$q - p$をその範囲の幅ということにする。

②が成り立つとき、不等式①を満たすxの値の範囲の幅が$\dfrac{\sqrt{5}}{3}$より大きくなるようなkの値の範囲は

$$k < \boxed{クケ} - \boxed{コ}\sqrt{5}$$

である。

（数学Ⅰ・数学A第1問は次ページに続く。）

〔2〕　△ABC において BC = 1 であるとする。sin ∠ABC と sin ∠ACB に関する
　　条件が与えられたときの △ABC の辺，角，面積について考察する。

(1)　$\sin \angle ABC = \dfrac{\sqrt{15}}{4}$ であるとき，$\cos \angle ABC = \pm \dfrac{\boxed{サ}}{\boxed{シ}}$ である。

(2)　$\sin \angle ABC = \dfrac{\sqrt{15}}{4}$，$\sin \angle ACB = \dfrac{\sqrt{15}}{8}$ であるとする。

　(i)　このとき，$AC = \boxed{ス}\ AB$ である。

　(ii)　この条件を満たす三角形は二つあり，その中で面積が大きい方の
　　　△ABC においては，$AB = \dfrac{\boxed{セ}}{\boxed{ソ}}$ である。

（数学Ⅰ・数学A第1問は次ページに続く。）

(3) $\sin \angle ABC = 2 \sin \angle ACB$ を満たす $\triangle ABC$ のうち，面積 S が最大となる
ものを求めよう。

$\sin \angle ABC = 2 \sin \angle ACB$ と $BC = 1$ により

$$\cos \angle ABC = \frac{\boxed{タ} - \boxed{チ}\,AB^2}{2\,AB}$$

である。$\triangle ABC$ の面積 S について調べるために，S^2 を考える。$AB^2 = x$ と
おくと

$$S^2 = -\frac{\boxed{ツ}}{\boxed{テト}}x^2 + \frac{\boxed{ナ}}{\boxed{ニ}}x - \frac{1}{16}$$

と表すことができる。したがって，S^2 が最大となるのは $x = \dfrac{\boxed{ヌ}}{\boxed{ネ}}$ のと

き，すなわち $AB = \dfrac{\sqrt{\boxed{ノ}}}{\boxed{ハ}}$ のときである。$S > 0$ より，このときに

面積 S も最大となる。

また，面積 S が最大となる $\triangle ABC$ において，$\angle ABC$ は $\boxed{ヒ}$ で，

$\angle ACB$ は $\boxed{フ}$ である。

$\boxed{ヒ}$，$\boxed{フ}$ の解答群（同じものを繰り返し選んでもよい。）

⓪ 鋭 角	① 直 角	② 鈍 角

第2問 (必答問題)(配点 30)

〔1〕 高校1年生の太郎さんと花子さんのクラスでは，文化祭でやきそば屋を出店することになった。二人は1皿あたりの価格をいくらにするかを検討するためにアンケート調査を行い，1皿あたりの価格と売り上げ数の関係について次の表のように予測した。

1皿あたりの価格(円)	100	150	200	250	300
売り上げ数　　　(皿)	1250	750	450	250	50

　　この結果から太郎さんと花子さんは，1皿あたりの価格が100円以上300円以下の範囲で，予測される利益(以下，利益)の最大値について考えることにした。

太郎：価格を横軸，売り上げ数を縦軸にとって散布図をかいてみたよ。

花子：散布図の点の並びは，1次関数のグラフのようには見えないね。
　　　2次関数のグラフみたいに見えるよ。

太郎：価格が100，200，300のときの点を通る2次関数のグラフをかくと，図1のように価格が150，250のときの点もそのグラフの近くにあるよ。

花子：現実には，もっと複雑な関係なのだろうけど，1次関数と2次関数で比べると，2次関数で考えた方がよいような気がするね。

(数学Ⅰ・数学A第2問は次ページに続く。)

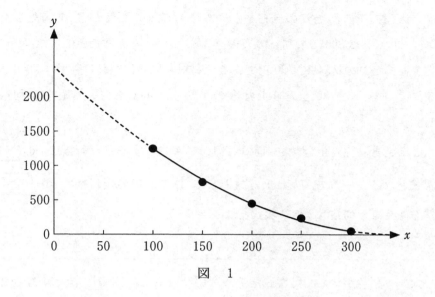

図　1

2次関数

$$y = ax^2 + bx + c \quad \cdots\cdots\cdots ①$$

のグラフは，3点(100, 1250)，(200, 450)，(300, 50)を通るとする。このとき，$b = \boxed{アイウ}$ である。

(数学Ⅰ・数学A第2問は次ページに続く。)

二人は，1 皿あたりの価格 x と売り上げ数 y の関係が ① を満たしたときの，$100 \leqq x \leqq 300$ での利益の最大値 M について考えることにした。

1 皿あたりの材料費は 80 円であり，材料費以外にかかる費用は 5000 円である。よって，$x - 80$ と売り上げ数の積から，5000 を引いたものが利益となる。

このとき，売り上げ数を ① の右辺の 2 次式とすると，利益は x の 　エ　 次式となる。一方で，売り上げ数として ① の右辺の代わりに x の 　オ　 次式を使えば，利益は x の 2 次式となる。

太郎：利益が 　エ　 次式だと，今の私たちの知識では最大値 M を正確に求めることができないね。

花子：① の右辺の代わりに 　オ　 次式を使えば利益は 2 次式になるから，最大値を求められるよ。

太郎：現実の問題を考えるときには正確な答えが出せないことも多いから，自分の知識の範囲内で工夫しておおよその値を出すことには価値があると思うよ。

花子：考えているのが利益だから，① の右辺の代わりの式は売り上げ数を少なく見積もった式を考えると手堅いね。

太郎：少なく見積もるということは，その関数のグラフは ① のグラフより，下の方にあるということだね。

（数学 I・数学 A 第 2 問は次ページに続く。）

1次関数

$$y = -4x + 1160 \quad \cdots\cdots\cdots\cdots\cdots\cdots ②$$

を考える。このとき、①と②のグラフの位置関係は次の図2のようになっている。

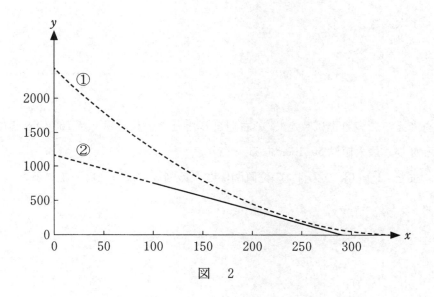

図　2

①の右辺の代わりに②の右辺を使うと、売り上げ数を少なく見積もることになる。売り上げ数を②の右辺としたときの利益 z は

$$z = -\boxed{カ}x^2 + \boxed{キクケコ}x - 97800$$

で与えられる。z が最大となる x を p とおくと、$p = \boxed{サシス}$ であり、z の最大値は 39100 である。

（数学Ⅰ・数学A第2問は次ページに続く。）

太郎：売り上げ数を少なく見積もった式は，各 x について値が ① より小さければよいので，色々な式が考えられるね。

花子：それらの式を ① の右辺の代わりに使ったときの利益の最大値と，① の右辺から計算される利益の最大値 M との関係はどうなるのかな。

1次関数

$$y = -8x + 1968 \quad \cdots\cdots\cdots\cdots\cdots ③$$

を考える。売り上げ数を ③ の右辺としたときの利益は $x = 163$ のときに最大となり，最大値は 50112 となる。

また，①～③ のグラフの位置関係は次の図 3 のようになっている。

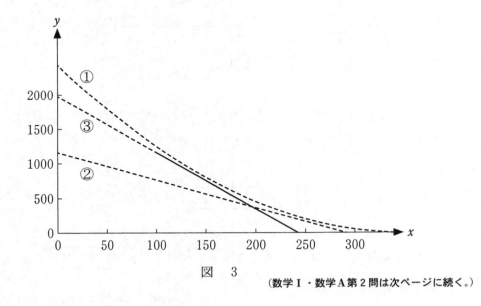

図　3

（数学Ⅰ・数学A第2問は次ページに続く。）

売り上げ数を ① の右辺としたときの利益の記述として，次の **⓪**～**⑥** のうち，正しいものは $\boxed{\text{セ}}$ と $\boxed{\text{ソ}}$ である。

$\boxed{\text{セ}}$ ，$\boxed{\text{ソ}}$ の解答群（解答の順序は問わない。）

⓪ 利益の最大値 M は 39100 である。

① 利益の最大値 M は 50112 である。

② 利益の最大値 M は $\dfrac{39100 + 50112}{2}$ である。

③ $x = 163$ とすれば，利益は少なくとも 50112 以上となる。

④ $x = p$ とすれば，利益は少なくとも 39100 以上となる。

⑤ $x = 163$ のときに利益は最大値 M をとる。

⑥ $x = p$ のときに利益は最大値 M をとる。

（数学 Ⅰ・数学 A 第 2 問は次ページに続く。）

1次関数

$$y = -6x + 1860 \quad \cdots\cdots\cdots ④$$

を考える。$100 \leqq x \leqq 300$ において、売り上げ数を ④ の右辺としたときの利益は $x = 195$ のときに最大となり、最大値は 74350 となる。

また、①〜④のグラフの位置関係は次の図4のようになっている。

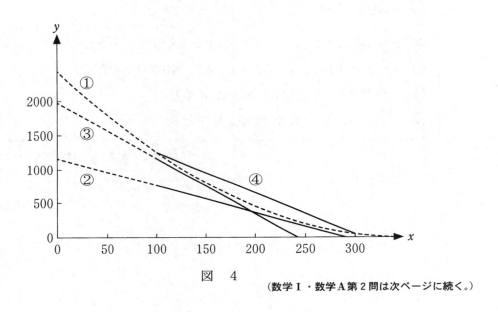

図 4

(数学Ⅰ・数学A第2問は次ページに続く。)

売り上げ数を①の右辺としたときの利益の最大値 M についての記述として，次の⓪~④のうち，正しいものは $\boxed{\text{タ}}$ である。

$\boxed{\text{タ}}$ の解答群

⓪　利益の最大値 M は 50112 より小さい。

①　利益の最大値 M は 50112 である。

②　利益の最大値 M は 50112 より大きく 74350 より小さい。

③　利益の最大値 M は 74350 である。

④　利益の最大値 M は 74350 より大きい。

(数学Ⅰ・数学A第2問は次ページに続く。)

〔2〕 花子さんの通う学校では，生徒会会則の一部を変更することの賛否について生徒全員が投票をすることになった。投票結果に関心がある花子さんは，身近な人たちに尋ねて下調べをしてみようと思い，各回答が賛成ならば1，反対ならば0と表すことにした。このようにして作成される n 人分のデータを x_1，x_2，$\cdots$，x_n と表す。ただし，賛成と反対以外の回答はないものとする。

　例えば，10人について調べた結果が

$$0 , 1 , 1 , 1 , 0 , 1 , 1 , 1 , 1 , 1$$

であったならば，$x_1 = 0$，$x_2 = 1$，$\cdots$，$x_{10} = 1$ となる。この場合，データの値の総和は8であり，平均値は $\dfrac{4}{5}$ である。

(1) データの値の総和 $x_1 + x_2 + \cdots + x_n$ は $\boxed{\text{チ}}$ と一致し，平均値 $\bar{x} = \dfrac{x_1 + x_2 + \cdots + x_n}{n}$ は $\boxed{\text{ツ}}$ と一致する。

$\boxed{\text{チ}}$，$\boxed{\text{ツ}}$ の解答群（同じものを繰り返し選んでもよい。）

⓪ 賛成の人の数

① 反対の人の数

② 賛成の人の数から反対の人の数を引いた値

③ n 人中における賛成の人の割合

④ n 人中における反対の人の割合

⑤ $\dfrac{\text{賛成の人の数}}{\text{反対の人の数}}$ の値

（数学Ⅰ・数学A第2問は次ページに続く。）

(2) 花子さんは，0と1だけからなるデータの平均値と分散について考えてみることにした。

$m = x_1 + x_2 + \cdots + x_n$ とおくと，平均値は $\dfrac{m}{n}$ である。また，分散を s^2 で表す。s^2 は，0と1の個数に着目すると

$$s^2 = \frac{1}{n}\left\{ \boxed{\text{テ}}\left(1 - \frac{m}{n}\right)^2 + \boxed{\text{ト}}\left(0 - \frac{m}{n}\right)^2 \right\} = \boxed{\text{ナ}}$$

と表すことができる。

$\boxed{\text{テ}}$，$\boxed{\text{ト}}$ の解答群（同じものを繰り返し選んでもよい。）

⓪ n	① m	② $(n-m)$	③ $\dfrac{m}{n}$
④ $\left(1 - \dfrac{m}{n}\right)$	⑤ $\dfrac{n}{2}$	⑥ $\dfrac{m}{2}$	⑦ $\dfrac{n-m}{2}$

$\boxed{\text{ナ}}$ の解答群

⓪ $\dfrac{m^2}{n^2}$	① $\left(1 - \dfrac{m}{n}\right)^2$	② $\dfrac{m(n-m)}{n^2}$
③ $\dfrac{m(1-m)}{n^2}$	④ $\dfrac{m(n-m)}{2n^2}$	⑤ $\dfrac{n^2 - 3mn + 3m^2}{n^2}$
⑥ $\dfrac{n^2 - 2mn + 2m^2}{2n^2}$		

（数学Ⅰ・数学A第2問は次ページに続く。）

〔3〕 変量 x, y の値の組

$$(-1, -1), \quad (-1, 1), \quad (1, -1), \quad (1, 1)$$

をデータ W とする。データ W の x と y の相関係数は 0 である。データ W に，新たに 1 個の値の組を加えたときの相関係数について調べる。なお，必要に応じて，後に示す表 1 の計算表を用いて考えてもよい。

a を実数とする。データ W に $(5a, 5a)$ を加えたデータを W' とする。W' の x の平均値 $\bar{x}$ は $\boxed{\text{ニ}}$，W' の x と y の共分散 s_{xy} は $\boxed{\text{ヌ}}$ となる。ただし，x と y の共分散とは，x の偏差と y の偏差の積の平均値である。

W' の x と y の標準偏差を，それぞれ s_x, s_y とする。積 $s_x s_y$ は $\boxed{\text{ネ}}$ となる。また相関係数が 0.95 以上となるための必要十分条件は $s_{xy} \geqq 0.95\, s_x s_y$ である。これより，相関係数が 0.95 以上となるような a の値の範囲は $\boxed{\text{ノ}}$ である。

表 1　計算表

x	y	$x - \bar{x}$	$y - \bar{y}$	$(x - \bar{x})(y - \bar{y})$
-1	-1			
-1	1			
1	-1			
1	1			
$5a$	$5a$			

（数学 I・数学 A 第 2 問は次ページに続く。）

— 2023追 – 16 —

$\boxed{\text{ニ}}$ の解答群

$\textcircled{0}$　0　　$\textcircled{1}$　$5a$　　$\textcircled{2}$　$5a+4$　　$\textcircled{3}$　a　　$\textcircled{4}$　$a+\dfrac{4}{5}$

$\boxed{\text{ヌ}}$ の解答群

$\textcircled{0}$　$4a^2$　$\textcircled{1}$　$4a^2+\dfrac{4}{5}$　$\textcircled{2}$　$4a^2+\dfrac{4}{5}a$　$\textcircled{3}$　$5a^2$　$\textcircled{4}$　$20a^2$

$\boxed{\text{ネ}}$ の解答群

$\textcircled{0}$　$4a^2+\dfrac{16}{5}a+\dfrac{4}{5}$　　　　　$\textcircled{1}$　$4a^2+1$

$\textcircled{2}$　$4a^2+\dfrac{4}{5}$　　　　　　　　　$\textcircled{3}$　$2a^2+\dfrac{2}{5}$

$\boxed{\text{ノ}}$ の解答群

$\textcircled{0}$　$-\dfrac{\sqrt{95}}{4}\leqq a\leqq\dfrac{\sqrt{95}}{4}$　　　　$\textcircled{1}$　$a\leqq-\dfrac{\sqrt{95}}{4}$, $\dfrac{\sqrt{95}}{4}\leqq a$

$\textcircled{2}$　$-\dfrac{\sqrt{95}}{5}\leqq a\leqq\dfrac{\sqrt{95}}{5}$　　　　$\textcircled{3}$　$a\leqq-\dfrac{\sqrt{95}}{5}$, $\dfrac{\sqrt{95}}{5}\leqq a$

$\textcircled{4}$　$-\dfrac{2\sqrt{19}}{5}\leqq a\leqq\dfrac{2\sqrt{19}}{5}$　　　$\textcircled{5}$　$a\leqq-\dfrac{2\sqrt{19}}{5}$, $\dfrac{2\sqrt{19}}{5}\leqq a$

第3問～第5問は，いずれか2問を選択し，解答しなさい。

第3問 （選択問題）（配点 20）

(1) 1枚の硬貨を繰り返し投げるとき，この硬貨の表裏の出方に応じて，座標平面上の点Pが次の**規則1**に従って移動するものとする。

規則1
- 点Pは原点O(0, 0)を出発点とする。
- 点Pのx座標は，硬貨を投げるごとに1だけ増加する。
- 点Pのy座標は，硬貨を投げるごとに，表が出たら1だけ増加し，裏が出たら1だけ減少する。

また，点Pの座標を次の**記号**で表す。

記号
硬貨をk回投げ終えた時点での点Pの座標(x, y)を(k, y_k)で表す。

座標平面上の点Pの移動の仕方について，例えば，硬貨を1回投げて表が出た場合について考える。このとき，点Pの座標は(1, 1)となる。これを図1のように，原点O(0, 0)と点(1, 1)をまっすぐな矢印で結ぶ。このようにして点Pの移動の仕方を表す。

以下において，図を使用する際には同じように考えることにする。

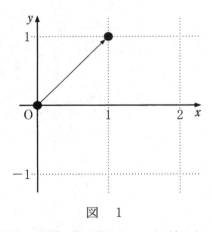

図　1

（数学Ⅰ・数学A第3問は次ページに続く。）

(i) 硬貨を3回投げ終えたとき，点Pの移動の仕方が条件

$$y_1 \geqq -1 \text{ かつ } y_2 \geqq -1 \text{ かつ } y_3 \geqq -1 \quad \cdots\cdots\cdots\cdots (*)$$

を満たす確率を求めよう。

条件(*)を満たす点Pの移動の仕方は図2のようになる。例えば点O(0,0)から点A(2,0)までの点Pの移動の仕方は，点O(0,0)から点(1,1)まで移動したのち点A(2,0)に移動する場合と，点O(0,0)から点(1,-1)まで移動したのち点A(2,0)に移動する場合のいずれかであるため，2通りある。このとき，この移動の仕方の総数である2を，**四角囲みの中の数字**で点A(2,0)の近くに書く。図2における他の四角囲みの中の数字についても同様に考える。

このように考えると，条件(*)を満たす点Pの移動の仕方のうち，点(3,3)に至る移動の仕方は ア 通りあり，点(3,1)に至る移動の仕方は イ 通りあり，点(3,-1)に至る移動の仕方は ウ 通りある。

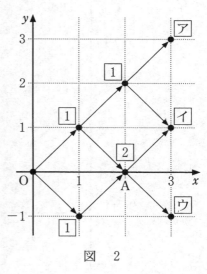

図 2

よって，点Pの移動の仕方が条件(*)を満たすような硬貨の表裏の出方の総数は

$$\boxed{ア} + \boxed{イ} + \boxed{ウ}$$

である。

したがって，点Pの移動の仕方が条件(*)を満たす確率は

$$\frac{\boxed{ア} + \boxed{イ} + \boxed{ウ}}{2^3}$$

として求めることができる。

（数学Ⅰ・数学A第3問は次ページに続く。）

(ii) 硬貨を4回投げるとする。このとき，(i)と同様に図を用いて考えよう。

$y_1 \geqq 0$ かつ $y_2 \geqq 0$ かつ $y_3 \geqq 0$ かつ $y_4 \geqq 0$ である確率は $\dfrac{\boxed{エ}}{\boxed{オ}}$ となる。

また，$y_1 \geqq 0$ かつ $y_2 \geqq 0$ かつ $y_3 = 1$ かつ $y_4 \geqq 0$ である確率は $\dfrac{\boxed{カ}}{\boxed{キ}}$ となる。さらに，$y_1 \geqq 0$ かつ $y_2 \geqq 0$ かつ $y_3 \geqq 0$ かつ $y_4 \geqq 0$ であったとき，$y_3 = 1$ である条件付き確率は $\dfrac{\boxed{ク}}{\boxed{ケ}}$ となる。

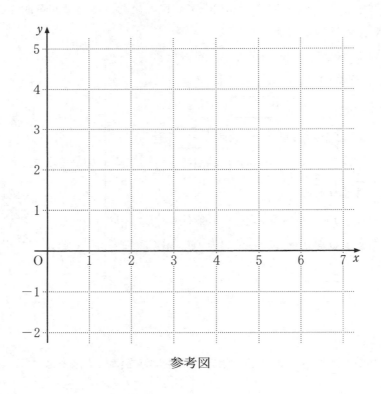

参考図

(iii) 硬貨を4回投げ終えた時点で点Pの座標が $(4, 2)$ であるとき，点 $(4, 2)$ に至る移動の仕方によらず表の出る回数は $\boxed{コ}$ 回となり，裏の出る回数は $\left(4 - \boxed{コ}\right)$ 回となる。

(数学Ⅰ・数学A第3問は次ページに続く。)

⑵　1個のさいころを繰り返し投げるとき，このさいころの目の出方に応じて，数
　　直線上の点 Q が次の**規則 2** に従って移動するものとする。

　規則 2

　・点 Q は原点 O を出発点とする。

　・点 Q の座標は，さいころを投げるごとに，3 の倍数の目が出たら 1 だけ
　　増加し，それ以外の目が出たら 1 だけ減少する。

⑴　さいころを 7 回投げ終えた時点で点 Q の座標が 3 である確率は $\dfrac{\boxed{サシ}}{\boxed{スセソ}}$

　となる。

⑵　さいころを 7 回投げる間，点 Q の座標がつねに 0 以上 3 以下であり，かつ

　7 回投げ終えた時点で点 Q の座標が 3 である確率は $\dfrac{\boxed{タチ}}{\boxed{ツテトナ}}$ となる。

⑶　さいころを 7 回投げる間，点 Q の座標がつねに 0 以上 3 以下であり，かつ
　7 回投げ終えた時点で点 Q の座標が 3 であったとき，3 回投げ終えた時点で

　点 Q の座標が 1 である条件付き確率は $\dfrac{\boxed{ニ}}{\boxed{ヌ}}$ となる。

第3問～第5問は，いずれか2問を選択し，解答しなさい。

第4問 （選択問題）（配点 20）

x, y, z についての二つの式をともに満たす整数 x, y, z が存在するかどうかを考えてみよう。

(1) 二つの式が

$$7x + 13y + 17z = 8 \qquad \cdots\cdots\cdots\cdots\cdots ①$$

と

$$35x + 39y + 34z = 37 \qquad \cdots\cdots\cdots\cdots\cdots ②$$

の場合を考える。①，②から x を消去すると

$$\boxed{\text{アイ}}\, y + \boxed{\text{ウエ}}\, z = 3 \qquad \cdots\cdots\cdots\cdots\cdots ③$$

を得る。③を y, z についての不定方程式とみると，その整数解のうち，y が正の整数で最小になるのは

$$y = \boxed{\text{オ}}, \qquad z = \boxed{\text{カキ}}$$

である。よって，③のすべての整数解は，k を整数として

$$y = \boxed{\text{オ}} - \boxed{\text{クケ}}\, k, \qquad z = \boxed{\text{カキ}} + \boxed{\text{コサ}}\, k$$

と表される。これらを①に代入して x を求めると

$$x = 31k - 3 + \frac{\boxed{\text{シ}}\, k + 2}{7}$$

となるので，x が整数になるのは，k を7で割ったときの余りが $\boxed{\text{ス}}$ のときである。

以上のことから，この場合は，二つの式をともに満たす整数 x, y, z が存在することがわかる。

（数学 I・数学 A 第4問は次ページに続く。）

⑵　a を整数とする。二つの式が

$$2x + 5y + 7z = a \qquad \cdots\cdots\cdots\cdots\cdots ④$$

と

$$3x + 25y + 21z = -1 \qquad \cdots\cdots\cdots\cdots\cdots ⑤$$

の場合を考える。⑤ － ④ から

$$x = -20y - 14z - 1 - a \qquad \cdots\cdots\cdots\cdots\cdots ⑥$$

を得る。また，⑤ × 2 － ④ × 3 から

$$35y + 21z = -2 - 3a \qquad \cdots\cdots\cdots\cdots\cdots ⑦$$

を得る。このとき

$$a \text{を}\ \boxed{\text{セ}}\ \text{で割ったときの余りが}\ \boxed{\text{ソ}}\ \text{である}$$

ことは，⑦ を満たす整数 y, z が存在するための必要十分条件であることがわかる。そのときの整数 y, z を ⑥ に代入すると，x も整数になる。また，そのときの x, y, z は ④ と ⑤ をともに満たす。

　以上のことから，この場合は，a の値によって，二つの式をともに満たす整数 x, y, z が存在する場合と存在しない場合があることがわかる。

（数学Ⅰ・数学A第4問は次ページに続く。）

(3) b を整数とする。二つの式が

$$x + 2y + bz = 1 \qquad \cdots\cdots\cdots\cdots\cdots\cdots ⑧$$

と

$$5x + 6y + 3z = 5 + b \qquad \cdots\cdots\cdots\cdots\cdots\cdots ⑨$$

の場合を考える。⑨ － ⑧ × 5 から

$$-4y + (3 - 5b)z = b \qquad \cdots\cdots\cdots\cdots\cdots\cdots ⑩$$

を得る。⑩ の左辺の y の係数に着目することにより

b を 4 で割ったときの余りが $\boxed{\text{タ}}$ または $\boxed{\text{チ}}$ である

ことは，⑩ を満たす整数 y, z が存在するための必要十分条件であることがわかる。ただし，$\boxed{\text{タ}} < \boxed{\text{チ}}$ とする。

そのときの整数 y, z を ⑧ に代入すると，x も整数になる。また，そのときの x, y, z は ⑧ と ⑨ をともに満たす。

以上のことから，この場合も，b の値によって，二つの式をともに満たす整数 x, y, z が存在する場合と存在しない場合があることがわかる。

(数学 I ・数学 A 第 4 問は次ページに続く。)

⑷ c を整数とする。二つの式が

$$x + 3y + 5z = 1 \qquad\qquad \cdots\cdots\cdots\cdots\cdots\cdots ⑪$$

と

$$cx + 3(c + 5)y + 10z = 3 \qquad \cdots\cdots\cdots\cdots\cdots\cdots ⑫$$

の場合を考える。これまでと同様に，y，z についての不定方程式を考察することにより

c を $\boxed{\text{ツテ}}$ で割ったときの余りが $\boxed{\text{ト}}$ または $\boxed{\text{ナニ}}$ である

ことは，⑪ と ⑫ をともに満たす整数 x，y，z が存在するための必要十分条件であることがわかる。

第3問～第5問は，いずれか2問を選択し，解答しなさい。

第5問 （選択問題）（配点 20）

　△ABC において辺 AB を 2：3 に内分する点を P とする。辺 AC 上に 2 点 A，C のいずれとも異なる点 Q をとる。線分 BQ と線分 CP との交点を R とし，直線 AR と辺 BC との交点を S とする。

　以下の問題において比を解答する場合は，最も簡単な整数の比で答えよ。

(1) 点 Q は辺 AC を 1：2 に内分する点とする。このとき，点 S は辺 BC を ア ： イ に内分する点である。

　AB ＝ 5 とし，△ABC の内接円が辺 AB，辺 AC とそれぞれ点 P，点 Q で接しているとする。AQ ＝ ウ であることに注意すると，BC ＝ エ であり， オ であることがわかる。

　オ の解答群

　⓪　点 R は △ABC の内心
　①　点 R は △ABC の重心
　②　点 S は △ABC の内接円と辺 BC との接点
　③　点 S は点 A から辺 BC に下ろした垂線と辺 BC との交点

（数学Ⅰ・数学A第5問は次ページに続く。）

— 2023追 − 26 —

(2) △BPR と △CQR の面積比について考察する。

(i) 点 Q は辺 AC を 1 : 4 に内分する点とする。このとき，点 R は，線分 BQ を $\boxed{カキ}$: $\boxed{ク}$ に内分し，線分 CP を $\boxed{ケコ}$: $\boxed{サ}$ に内分する。したがって

$$\frac{\triangle CQR \text{ の面積}}{\triangle BPR \text{ の面積}} = \frac{\boxed{シス}}{\boxed{セ}}$$

である。

(ii) $\dfrac{\triangle CQR \text{ の面積}}{\triangle BPR \text{ の面積}} = \dfrac{1}{4}$ のとき，点 Q は辺 AC を $\boxed{ソ}$: $\boxed{タ}$ に内分する点である。

書籍のアンケートにご協力ください

抽選で**図書カード**を
プレゼント！

Z会の「個人情報の取り扱いについて」はZ会
Webサイト（https://www.zkai.co.jp/poli/）
に掲載しておりますのでご覧ください。

2024年用　共通テスト実戦模試
③数学Ⅰ・A

初版第1刷発行…2023年7月1日

編者…………Z会編集部
発行人………藤井孝昭
発行…………Z会

〒411-0033　静岡県三島市文教町1-9-11
【販売部門：書籍の乱丁・落丁・返品・交換・注文】
TEL 055-976-9095
【書籍の内容に関するお問い合わせ】
https://www.zkai.co.jp/books/contact/
【ホームページ】
https://www.zkai.co.jp/books/

装丁…………犬飼奈央
印刷・製本…日経印刷株式会社

ⒸZ会　2023　★無断で複写・複製することを禁じます
定価は表紙に表示してあります
乱丁・落丁はお取り替えいたします
ISBN978-4-86531-552-3 C7341

数学① 模試 第1回 解答用紙 第1面

312

マーク例
良い例 ●
悪い例 ⦸ ⊗ ◖ ◑ ○

解答科目欄
数学 I
数学 I・A

受験番号欄

千位	百位	十位	一位	英字
—	⓪	⓪	⓪	Ⓐ A
①	①	①	①	Ⓑ B
②	②	②	②	Ⓒ C
③	③	③	③	Ⓗ H
④	④	④	④	Ⓚ K
⑤	⑤	⑤	⑤	Ⓜ M
⑥	⑥	⑥	⑥	Ⓡ R
⑦	⑦	⑦	⑦	Ⓤ U
⑧	⑧	⑧	⑧	Ⓧ X
⑨	⑨	⑨	⑨	Ⓨ Y
—	—	—	—	Ⓩ Z

フリガナ

氏名

試験場コード
十万位 万位 千位 百位 十位 一位

注意事項1 問題番号 ④ ⑤ の解答欄は、この用紙の第2面にあります。

313

数 学 ① 模 試 第 1 回 解 答 用 紙 第 2 面

注意事項1

問題番号 1 2 3 の解答欄は，この用紙の第1面にあります。

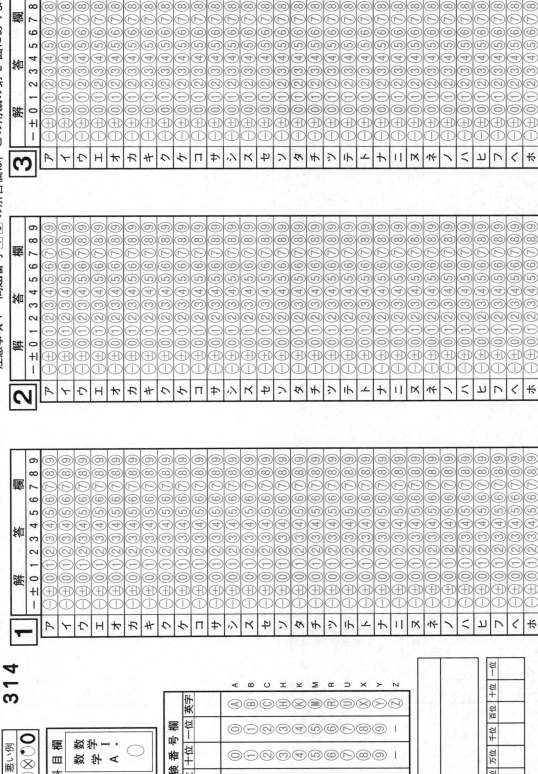

315

数学 ① 模試 第2回 解答用紙 第2面

注意事項1 問題番号 1 2 3 の解答欄は，この用紙の第1面にあります。

数学①　模試　第3回　解答用紙　第1面

317

数学① 模試 第3回 解答用紙 第2面

キリトリ線

注意事項 1　問題番号 1 2 3 の解答欄は、この用紙の第1面にあります。

4

解答欄	記号	−±0	1	2	3	4	5	6	7	8	9
ア											
イ											
ウ											
エ											
オ											
カ											
キ											
ク											
ケ											
コ											
サ											
シ											
ス											
セ											
ソ											
タ											
チ											
ツ											
テ											
ト											
ナ											
ニ											
ヌ											
ネ											
ノ											
ハ											
ヒ											
フ											
ヘ											
ホ											

5

解答欄	記号	−±0	1	2	3	4	5	6	7	8	9
ア											
イ											
ウ											
エ											
オ											
カ											
キ											
ク											
ケ											
コ											
サ											
シ											
ス											
セ											
ソ											
タ											
チ											
ツ											
テ											
ト											
ナ											
ニ											
ヌ											
ネ											
ノ											
ハ											
ヒ											
フ											
ヘ											
ホ											

数学 ① 模試 第 4 回 解答用紙 第 1 面

318

マーク例

良い例	悪い例
●	⊙ ⊗ ◑ ○

解答科目欄

数学 I	数学 I・A :
○	○

受験番号欄

千位	百位	十位	一位	英字
−	⓪	⓪	⓪	Ⓐ A
①	①	①	①	Ⓑ B
②	②	②	②	Ⓒ C
③	③	③	③	Ⓗ H
④	④	④	④	Ⓚ K
⑤	⑤	⑤	⑤	Ⓜ M
⑥	⑥	⑥	⑥	Ⓡ R
⑦	⑦	⑦	⑦	Ⓤ U
⑧	⑧	⑧	⑧	Ⓧ X
⑨	⑨	⑨	⑨	Ⓨ Y
−	−	−	−	Ⓩ Z

フリガナ	
氏 名	

試験場コード	十万位	万位	千位	百位	十位	一位

注意事項 1 問題番号 ④ ⑤ の解答欄は，この用紙の第 2 面にあります。

319

数学 ① 模試 第4回 解答用紙 第2面

注意事項 1　問題番号 1 2 3 の解答欄は、この用紙の第1面にあります。

4

解答記号	解　答　欄
ア	⊖ ⊕ 0 1 2 3 4 5 6 7 8 9
イ	⊖ ⊕ 0 1 2 3 4 5 6 7 8 9
ウ	⊖ ⊕ 0 1 2 3 4 5 6 7 8 9
エ	⊖ ⊕ 0 1 2 3 4 5 6 7 8 9
オ	⊖ ⊕ 0 1 2 3 4 5 6 7 8 9
カ	⊖ ⊕ 0 1 2 3 4 5 6 7 8 9
キ	⊖ ⊕ 0 1 2 3 4 5 6 7 8 9
ク	⊖ ⊕ 0 1 2 3 4 5 6 7 8 9
ケ	⊖ ⊕ 0 1 2 3 4 5 6 7 8 9
コ	⊖ ⊕ 0 1 2 3 4 5 6 7 8 9
サ	⊖ ⊕ 0 1 2 3 4 5 6 7 8 9
シ	⊖ ⊕ 0 1 2 3 4 5 6 7 8 9
ス	⊖ ⊕ 0 1 2 3 4 5 6 7 8 9
セ	⊖ ⊕ 0 1 2 3 4 5 6 7 8 9
ソ	⊖ ⊕ 0 1 2 3 4 5 6 7 8 9
タ	⊖ ⊕ 0 1 2 3 4 5 6 7 8 9
チ	⊖ ⊕ 0 1 2 3 4 5 6 7 8 9
ツ	⊖ ⊕ 0 1 2 3 4 5 6 7 8 9
テ	⊖ ⊕ 0 1 2 3 4 5 6 7 8 9
ト	⊖ ⊕ 0 1 2 3 4 5 6 7 8 9
ナ	⊖ ⊕ 0 1 2 3 4 5 6 7 8 9
ニ	⊖ ⊕ 0 1 2 3 4 5 6 7 8 9
ヌ	⊖ ⊕ 0 1 2 3 4 5 6 7 8 9
ネ	⊖ ⊕ 0 1 2 3 4 5 6 7 8 9
ノ	⊖ ⊕ 0 1 2 3 4 5 6 7 8 9
ハ	⊖ ⊕ 0 1 2 3 4 5 6 7 8 9
ヒ	⊖ ⊕ 0 1 2 3 4 5 6 7 8 9
フ	⊖ ⊕ 0 1 2 3 4 5 6 7 8 9
ヘ	⊖ ⊕ 0 1 2 3 4 5 6 7 8 9
ホ	⊖ ⊕ 0 1 2 3 4 5 6 7 8 9

5

解答記号	解　答　欄
ア	⊖ ⊕ 0 1 2 3 4 5 6 7 8 9
イ	⊖ ⊕ 0 1 2 3 4 5 6 7 8 9
ウ	⊖ ⊕ 0 1 2 3 4 5 6 7 8 9
エ	⊖ ⊕ 0 1 2 3 4 5 6 7 8 9
オ	⊖ ⊕ 0 1 2 3 4 5 6 7 8 9
カ	⊖ ⊕ 0 1 2 3 4 5 6 7 8 9
キ	⊖ ⊕ 0 1 2 3 4 5 6 7 8 9
ク	⊖ ⊕ 0 1 2 3 4 5 6 7 8 9
ケ	⊖ ⊕ 0 1 2 3 4 5 6 7 8 9
コ	⊖ ⊕ 0 1 2 3 4 5 6 7 8 9
サ	⊖ ⊕ 0 1 2 3 4 5 6 7 8 9
シ	⊖ ⊕ 0 1 2 3 4 5 6 7 8 9
ス	⊖ ⊕ 0 1 2 3 4 5 6 7 8 9
セ	⊖ ⊕ 0 1 2 3 4 5 6 7 8 9
ソ	⊖ ⊕ 0 1 2 3 4 5 6 7 8 9
タ	⊖ ⊕ 0 1 2 3 4 5 6 7 8 9
チ	⊖ ⊕ 0 1 2 3 4 5 6 7 8 9
ツ	⊖ ⊕ 0 1 2 3 4 5 6 7 8 9
テ	⊖ ⊕ 0 1 2 3 4 5 6 7 8 9
ト	⊖ ⊕ 0 1 2 3 4 5 6 7 8 9
ナ	⊖ ⊕ 0 1 2 3 4 5 6 7 8 9
ニ	⊖ ⊕ 0 1 2 3 4 5 6 7 8 9
ヌ	⊖ ⊕ 0 1 2 3 4 5 6 7 8 9
ネ	⊖ ⊕ 0 1 2 3 4 5 6 7 8 9
ノ	⊖ ⊕ 0 1 2 3 4 5 6 7 8 9
ハ	⊖ ⊕ 0 1 2 3 4 5 6 7 8 9
ヒ	⊖ ⊕ 0 1 2 3 4 5 6 7 8 9
フ	⊖ ⊕ 0 1 2 3 4 5 6 7 8 9
ヘ	⊖ ⊕ 0 1 2 3 4 5 6 7 8 9
ホ	⊖ ⊕ 0 1 2 3 4 5 6 7 8 9

数学① 模試 第5回 解答用紙 第1面

キリトリ線

注意事項1　問題番号 4 5 の解答欄は、この用紙の第2面にあります。

320

マーク例
良い例 ●
悪い例 ⊙ ⊗ ◑ O

321

数学①模試 第5回 解答用紙 第2面

注意事項1 問題番号 1 2 3 の解答欄は、この用紙の第1面にあります。

4 解答欄

	−	±	0	1	2	3	4	5	6	7	8	9
ア												
イ												
ウ												
エ												
オ												
カ												
キ												
ク												
ケ												
コ												
サ												
シ												
ス												
セ												
ソ												
タ												
チ												
ツ												
テ												
ト												
ナ												
ニ												
ヌ												
ネ												
ノ												
ハ												
ヒ												
フ												
ヘ												
ホ												

5 解答欄

	−	±	0	1	2	3	4	5	6	7	8	9
ア												
イ												
ウ												
エ												
オ												
カ												
キ												
ク												
ケ												
コ												
サ												
シ												
ス												
セ												
ソ												
タ												
チ												
ツ												
テ												
ト												
ナ												
ニ												
ヌ												
ネ												
ノ												
ハ												
ヒ												
フ												
ヘ												
ホ												

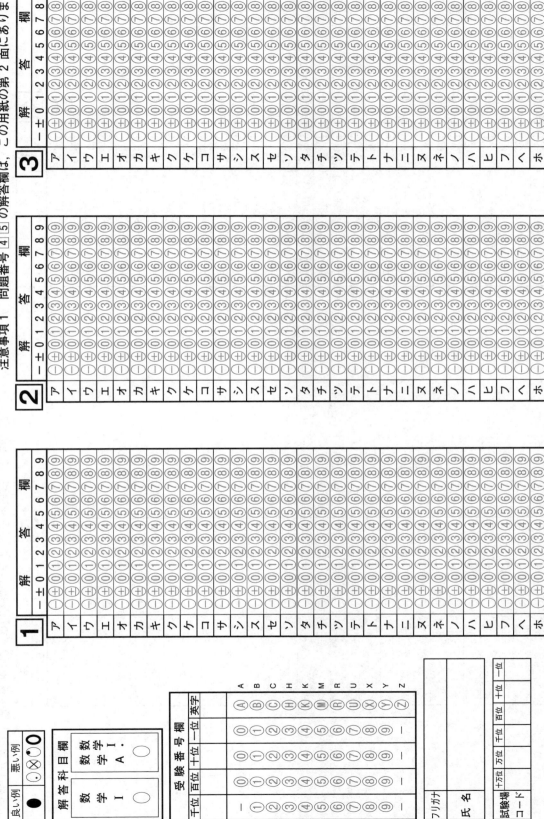

※過去問は自動採点に対応していません。

キリトリ線

数学 ① 2023 本試 解答用紙 第 2 面

注意事項 1 問題番号 1 2 3 の解答欄は，この用紙の第 1 面にあります。

4

解答欄： 各行（ア イ ウ エ オ カ キ ク ケ コ サ シ ス セ ソ タ チ ツ テ ト ナ ニ ヌ ネ ノ ハ ヒ フ ヘ ホ）に対し、マーク記入欄 — ± 0 1 2 3 4 5 6 7 8 9

5

解答欄： 各行（ア イ ウ エ オ カ キ ク ケ コ サ シ ス セ ソ タ チ ツ テ ト ナ ニ ヌ ネ ノ ハ ヒ フ ヘ ホ）に対し、マーク記入欄 — ± 0 1 2 3 4 5 6 7 8 9

数　学　①　2023　追　試　解　答　用　紙　第　1　面

※過去問は自動採点に対応していません。

キリトリ線

数学① 2023 追試 解答用紙 第2面

注意事項1 問題番号 ① ② ③ の解答欄は，この用紙の第1面にあります。

共通テスト 公式・要点チェック 数学 I・A

■有限小数
ある既約分数において,"分母が 2 または 5 のみの素因数で表される"とき,その数は有限小数である。

■集合と必要条件・十分条件
条件 p を満たす集合を P, 条件 q を満たす集合を Q とするとき

p は q であるための必要条件 $\iff Q \subset P$
p は q であるための十分条件 $\iff P \subset Q$
p は q であるための必要十分条件 $\iff P = Q$

■2 次関数の最大・最小の場合分け
・$y = a(x-p)^2 + q$ の形に平方完成
・2 次関数のグラフの軸 ($x = p$) と定義域との関係に着目

■正弦定理と余弦定理
△ABC において,BC$= a$, CA$= b$, AB$= c$, 外接円の半径を R とする。
正弦定理:$\dfrac{a}{\sin A} = \dfrac{b}{\sin B} = \dfrac{c}{\sin C} = 2R$
余弦定理:$a^2 = b^2 + c^2 - 2bc \cos A$
$\left(\cos A = \dfrac{b^2 + c^2 - a^2}{2bc}\right)$

■三角形の面積と内接円の半径
△ABC の面積を S, 内接円の半径を r とすると
$$S = \dfrac{1}{2} r(\text{AB} + \text{BC} + \text{CA})$$

■変量変換と平均
二つの変量 x と z の間に,a, b を定数として $x = a + bz$ という関係があるとき,x, z の平均値 $\bar{x}, \bar{z}$ の間に
$$\bar{x} = a + b\bar{z}$$
が成り立つ。

■箱ひげ図とデータの分布
箱ひげ図に対して,データは次のような割合で分布している。

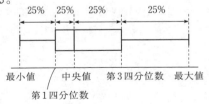

■条件付き確率,乗法定理
条件付き確率:事象 A が起こったときに,事象 B が起こる条件付き確率は
$$P_A(B) = \dfrac{n(A \cap B)}{n(A)} = \dfrac{P(A \cap B)}{P(A)}$$
乗法定理:$P(A \cap B) = P(A) P_A(B) = P(B) P_B(A)$

■正の約数の個数 (p, q は素数)
$p^a \cdot q^b$ の正の約数の個数は,$(a+1)(b+1)$ 個

■合同式
$a \equiv b \pmod{m}$, $c \equiv d \pmod{m}$ のとき
$$a \pm c \equiv b \pm d \pmod{m} \quad (\text{複号同順})$$
$$ac \equiv bd \pmod{m}$$

■積の形の不定方程式
x と y の不定方程式が
　$(x$ と y の式$) \times (x$ と y の式$) = ($整数の定数$)$
の形に変形できるとき,約数・倍数の関係を利用して,整数解 (x, y) を求めることができる。このとき,右辺が文字 x, y を含まない整数の定数になるように変形することが重要である。

■最大公約数と最小公倍数の関係
二つの整数 A, B の最大公約数を G, 最小公倍数を L とおくと,互いに素な整数 a, b を用いて
$$A = aG, \quad B = bG$$
と表せて,$L = abG$ が成り立つ。これより
$$AB = LG$$

■n 進法
n 進法で,n^2 の位が A, n^1 の位が B, n^0 の位が C である 3 桁の数は,10 進法では
$$A \cdot n^2 + B \cdot n^1 + C \cdot n^0$$
と表される。桁数が増えても考え方は同じである。

■メネラウスの定理,チェバの定理
$$\dfrac{\text{AP}}{\text{PB}} \cdot \dfrac{\text{BQ}}{\text{QC}} \cdot \dfrac{\text{CR}}{\text{RA}} = 1$$

■方べきの定理
(i) 点 P を通る 2 直線が一つの円とそれぞれ点 A, B および C, D で交わるとき
$$\text{PA} \cdot \text{PB} = \text{PC} \cdot \text{PD}$$
が成り立つ。
(ii) 点 P を通る 2 直線の一方が円と点 A, B で交わり,もう一方が円と点 T で接するとき
$$\text{PA} \cdot \text{PB} = \text{PT}^2$$
が成り立つ。

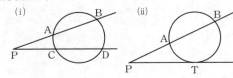

共通テスト　公式・要点チェック　数学 II・B

■二項定理

$(a+b)^n$ の展開式における $a^{n-k}b^k$ の係数

$$_nC_k = \frac{n!}{k!(n-k)!}$$

$(a+b+c)^n$ の展開式における $a^p b^q c^r$ の係数

$$\frac{n!}{p!q!r!} \quad (p+q+r=n)$$

■相加平均と相乗平均の関係　$(a>0,\ b>0)$

$$\frac{a+b}{2} \geq \sqrt{ab}\ (\text{等号は } a=b \text{ のとき成立})$$

■2次方程式の解と係数の関係

2次方程式 $ax^2+bx+c=0$ の2解を $\alpha,\ \beta$ とすると

$$\alpha+\beta = -\frac{b}{a},\ \alpha\beta = \frac{c}{a}$$

■剰余の定理

整式 $P(x)$ を1次式 $ax+b$ で割ったときの余り

$$P\left(-\frac{b}{a}\right)$$

■因数定理

1次式 $ax+b$ が整式 $P(x)$ の因数

$$\Longleftrightarrow P\left(-\frac{b}{a}\right) = 0$$

■点と直線の距離

点 $(x_1,\ y_1)$ と直線 $ax+by+c=0$ の距離

$$d = \frac{|ax_1+by_1+c|}{\sqrt{a^2+b^2}}$$

■円の接線の方程式

円 $(x-a)^2+(y-b)^2=r^2$ 上の点 $(x_1,\ y_1)$ における接線の方程式

$$(x_1-a)(x-a)+(y_1-b)(y-b) = r^2$$

■2直線の交点を通る直線

2直線 $ax+by+c=0$, $a'x+b'y+c'=0$ の交点を通る直線の方程式

$$k(ax+by+c)+k'(a'x+b'y+c') = 0$$

■加法定理（すべて複号同順）

$$\sin(\alpha\pm\beta) = \sin\alpha\cos\beta \pm \cos\alpha\sin\beta$$
$$\cos(\alpha\pm\beta) = \cos\alpha\cos\beta \mp \sin\alpha\sin\beta$$
$$\tan(\alpha\pm\beta) = \frac{\tan\alpha\pm\tan\beta}{1\mp\tan\alpha\tan\beta}$$

■3倍角の公式

$$\sin 3\theta = 3\sin\theta - 4\sin^3\theta$$
$$\cos 3\theta = 4\cos^3\theta - 3\cos\theta$$

■三角関数の合成

$$a\sin\theta + b\cos\theta = \sqrt{a^2+b^2}\sin(\theta+\alpha)$$
$$\left(\cos\alpha = \frac{a}{\sqrt{a^2+b^2}},\ \sin\alpha = \frac{b}{\sqrt{a^2+b^2}}\right)$$

■対数の性質　$(a>0,\ a\neq 1,\ M>0,\ N>0)$

$$\log_a MN = \log_a M + \log_a N$$
$$\log_a \frac{M}{N} = \log_a M - \log_a N$$
$$\log_a M^r = r\log_a M$$

■常用対数

a が n 桁の自然数のとき

$$n-1 \leq \log_{10} a < n$$

a の小数第 n 位がはじめて0でない数字になるとき

$$-n \leq \log_{10} a < -(n-1)$$

■接線の方程式

曲線 $y=f(x)$ 上の点 $(a,\ f(a))$ における接線の方程式

$$y = f'(a)(x-a) + f(a)$$

■微分と積分の関係

$$\frac{d}{dx}\int_a^x f(t)\,dt = f(x)$$

■$(x-\alpha)(x-\beta)$ の定積分

$$\int_\alpha^\beta (x-\alpha)(x-\beta)\,dx = -\frac{1}{6}(\beta-\alpha)^3$$

■等差数列（初項 a, 公差 d, 末項 l）

一般項 $a_n = a+(n-1)d$, 和 $S_n = \dfrac{n(a+l)}{2}$

■等比数列（初項 a, 公比 r）

一般項 $a_n = ar^{n-1}$, 和 $S_n = \dfrac{a(1-r^n)}{1-r}\ (r\neq 1)$

■いろいろな数列の和

$$\sum_{k=1}^n k = \frac{1}{2}n(n+1)$$
$$\sum_{k=1}^n k^2 = \frac{1}{6}n(n+1)(2n+1)$$
$$\sum_{k=1}^n k^3 = \left\{\frac{1}{2}n(n+1)\right\}^2$$

■(等差)×(等比) の形の数列の和

$S_n - rS_n$ を計算する。

■内分・外分

線分 AB を $m:n$ に内分（外分）する点の位置ベクトル

内分：$\dfrac{n\vec{a}+m\vec{b}}{m+n}$,　外分：$\dfrac{-n\vec{a}+m\vec{b}}{m-n}$

■内積（θ は $\vec{a}$ と $\vec{b}$ のなす角）

$$\vec{a}\cdot\vec{b} = |\vec{a}||\vec{b}|\cos\theta$$

■ベクトルの成分

$\vec{a}=(a_1,\ a_2)$, $\vec{b}=(b_1,\ b_2)$, 点 $A(\vec{a})$, 点 $B(\vec{b})$ とする。

内積　$\vec{a}\cdot\vec{b} = a_1b_1 + a_2b_2$

なす角　$\cos\theta = \dfrac{\vec{a}\cdot\vec{b}}{|\vec{a}||\vec{b}|} = \dfrac{a_1b_1+a_2b_2}{\sqrt{a_1^2+a_2^2}\sqrt{b_1^2+b_2^2}}$

△OAB の面積 $\dfrac{1}{2}\sqrt{|\vec{a}|^2|\vec{b}|^2 - (\vec{a}\cdot\vec{b})^2} = \dfrac{1}{2}|a_1b_2-a_2b_1|$

Z-KAI

2024年用

共通テスト実戦模試

③ 数学 I・A

解答・解説編

Z会編集部 編

共通テスト書籍のアンケートにご協力ください
ご回答いただいた方の中から、抽選で毎月50名様に「図書カード500円分」をプレゼント！
※当選者の発表は賞品の発送をもって代えさせていただきます。

スマホでサクッと自動採点！ 学習診断サイトのご案内[1]

『実戦模試』シリーズ（過去問を除く）では，以下のことができます。

・マークシートをスマホで撮影して自動採点
・自分の得点と，本サイト登録者平均点との比較
・登録者のランキング表示（総合・志望大別）
・Ｚ会編集部からの直前対策用アドバイス

【手順】
① 本書を解いて，以下のサイトにアクセス（スマホ・PC対応）

Ｚ会共通テスト学習診断 検索　　二次元コード →

https://service.zkai.co.jp/books/k-test/

② 購入者パスワード **06809** を入力し，ログイン
③ 必要事項を入力（志望校・ニックネーム・ログインパスワード）[2]
④ スマホ・タブレットでマークシートを撮影　→**自動採点**[3]，**アドバイス Get！**

※1　学習診断サイトは2024年5月30日まで利用できます。
※2　ID・パスワードは次回ログイン時に必要になりますので，必ず記録して保管してください。
※3　スマホ・タブレットをお持ちでない場合は事前に自己採点をお願いします。

目次

模試　第１回
模試　第２回
模試　第３回
模試　第４回
模試　第５回
大学入学共通テスト　2023 本試
大学入学共通テスト　2023 追試

模試 第1回
解　答

問題番号(配点)	解答記号	正解	配点	自己採点
第1問 (30)	$a^2+b^2+c^2-ab-bc-ca=$ アイ	$a^2+b^2+c^2-ab-bc-ca=30$	2	
	ウ , エ	③, ⑥	各2	
	$a^2+b^2+c^2=$ オカ	$a^2+b^2+c^2=20$	2	
	$a^2+b^2+c^2=$ キク	$a^2+b^2+c^2=20$	2	
	$\dfrac{ケ}{コ}$	$\dfrac{1}{4}$	1	
	$S_{12}=$ サ	$S_{12}=3$	2	
	$S_{24}=$ シス $\sin 15°$	$S_{24}=12\sin 15°$	2	
	$CD=$ セ $\sin 15°$	$CD=2\sin 15°$	2	
	$CD^2=$ ソ $-\sqrt{タ}$	$CD^2=2-\sqrt{3}$	2	
	$S_n=$ チ $\sin\dfrac{ツテト°}{n}$	$S_n=$ ① $\sin\dfrac{360°}{n}$	2	
	$S_{60}=3.1$ ナニ	$S_{60}=3.135$	3	
	ヌ	②	3	
	$T_{60}=3.1$ ネノ	$T_{60}=3.144$	3	
第2問 (30)	ア	④	3	
	イ	⓪	1	
	ウ , エ	①, ⓪	各1	
	オ	②	3	
	カ	①	3	
	キ	①	3	
	毎秒 クケ m	毎秒 10 m	2	
	コ m	5 m	2	
	サ	③	2	
	シ	④	2	
	ス	④	3	
	セ	②	2	
	ソ	③	2	

— ①-1 —

問題番号 (配点)	解答記号	正解	配点	自己採点
第3問 (20)	$P_1 = \dfrac{\boxed{ア}}{\boxed{イ}}$	$P_1 = \dfrac{2}{3}$	2	
	$\dfrac{\boxed{ウ}}{\boxed{エ}}$	$\dfrac{1}{2}$	3	
	$\boxed{オ}$	①	3	
	$\boxed{カ}$	③	3	
	$\boxed{キ}$	⑤	3	
	$\boxed{ク}$	⓪	3	
	$\boxed{ケ}$	⓪	3	
第4問 (20)	$\boxed{ア}$	②	3	
	$x = \boxed{イ}$, $y = \boxed{ウ}$	$x = 5$, $y = 2$	2	
	$15\left(x - \boxed{エオ}\right) = 37\left(y - \boxed{カ}\right)$	$15(x - 15) = 37(y - 6)$	3	
	$x = \boxed{キク}k + \boxed{エオ}$, $y = \boxed{ケコ}k + \boxed{カ}$	$x = 37k + 15$, $y = 15k + 6$	3	
	$\boxed{サ}$	①	3	
	$\boxed{シ}$	⓪	3	
	$x = \boxed{スセ}n + \boxed{ソ}$, $y = \boxed{タチ}n + \boxed{ツテ}$	$x = 28n + 7$, $y = 73n + 18$	3	
第5問 (20)	$\boxed{ア}$	⓪	2	
	$\boxed{イ}$	⓪	2	
	$\dfrac{r}{r'} = \dfrac{\boxed{ウ}}{\boxed{エ}}$	$\dfrac{r}{r'} = \dfrac{3}{2}$	2	
	$\boxed{オ}$	③	2	
	$\dfrac{\mathrm{AF}}{\mathrm{FB}} = \boxed{カ}$	$\dfrac{\mathrm{AF}}{\mathrm{FB}} = 1$	3	
	$\dfrac{\mathrm{AD}}{\mathrm{DE}} = \dfrac{\boxed{キ}}{\boxed{ク}}$, $\dfrac{\mathrm{ET}}{\mathrm{TF}} = \boxed{ケ}$	$\dfrac{\mathrm{AD}}{\mathrm{DE}} = \dfrac{1}{2}$, $\dfrac{\mathrm{ET}}{\mathrm{TF}} = 4$	3	
	$\boxed{コサ} : \boxed{シ} : 3$	$10 : 2 : 3$	3	
	$\dfrac{\boxed{ス}}{\boxed{セソ}}S$	$\dfrac{2}{45}S$	3	

(注) 第1問, 第2問は必答。第3問～第5問のうちから2問選択。計4問を解答。

なお, 上記以外のものについても得点を与えることがある。正解欄に※があるものは, 解答の順序は問わない。

第1問小計		第2問小計		第3問小計		第4問小計		第5問小計		合計点	/100

第1問

〔1〕

(1)(i) ①より
$$a^2 - bc = 10,\ b^2 - ca = 10,\ c^2 - ab = 10$$
これらの辺々を加えると
$$a^2 + b^2 + c^2 - ab - bc - ca$$
$$= 10 + 10 + 10 = \mathbf{30} \quad \cdots\cdots ②$$

(ii) ①より
$$a^2 - b^2 + ca - bc = 0$$
この式の左辺は
$$a^2 - b^2 + ca - bc$$
$$= (a+b)(a-b) + c(a-b)$$
$$= (a-b)(a+b+c)$$
より，$\boldsymbol{a-b}$ と $\boldsymbol{a+b+c}$ の積の形に表すことができる。 ⇨ **③, ⑥**

いま，$a \neq b$ より $a-b \neq 0$ であるから
$$a+b+c = 0$$

(iii) $a+b+c = 0$ の両辺を2乗して
$$a^2 + b^2 + c^2 + 2ab + 2bc + 2ca = 0$$
$$\cdots\cdots ③$$
③ − ② より
$$3ab + 3bc + 3ca = -30$$
$$ab + bc + ca = -10$$
よって，③より
$$\boldsymbol{a^2 + b^2 + c^2} = -2(ab+bc+ca)$$
$$= \mathbf{20}$$

(2) $a^2 + bc = b^2 + ca$ より
$$a^2 - b^2 - ca + bc = 0$$
$$(a+b)(a-b) - c(a-b) = 0$$
$$(a-b)(a+b-c) = 0$$
$a \neq b$ より $a-b \neq 0$ であるから
$$a+b-c = 0$$
両辺を2乗して
$$a^2 + b^2 + c^2 + 2ab - 2bc - 2ca = 0$$
$$\cdots\cdots ④$$
また
$$a^2 + bc = 10,\ b^2 + ca = 10,\ c^2 - ab = 10$$
の辺々を加えると
$$a^2 + b^2 + c^2 - ab + bc + ca = 30$$
$$\cdots\cdots ⑤$$
④ − ⑤ より
$$3ab - 3bc - 3ca = -30$$
$$ab - bc - ca = -10$$
④より

$$a^2 + b^2 + c^2 = -2(ab - bc - ca)$$
$$= \mathbf{20}$$

〔2〕

(1) 図1において
$$\angle \text{AOB} = \frac{360°}{12} = 30°$$
であるから，△OAB の面積は
$$\triangle \text{OAB} = \frac{1}{2} \cdot 1 \cdot 1 \cdot \sin 30° = \frac{\mathbf{1}}{\mathbf{4}}$$
である。よって
$$\boldsymbol{S_{12}} = 12 \cdot \triangle \text{OAB} = \mathbf{3}$$

(2) S_{12} と同様にして，S_{24} を求めると
$$\boldsymbol{S_{24}} = 24 \cdot \left(\frac{1}{2} \cdot 1 \cdot 1 \cdot \sin \frac{360°}{24}\right)$$
$$= \mathbf{12 \sin 15°}$$

図2において，点 O から辺 CD に引いた垂線と辺 CD との交点を M とすると
$$\angle \text{COM} = \frac{30°}{2} = 15°$$
であるから，直角三角形 COM において
$$\text{CM} = \text{OC} \sin 15° = \sin 15°$$
よって
$$\mathbf{CD} = 2\text{CM} = \mathbf{2 \sin 15°}$$

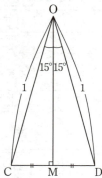

また，△OCD において，余弦定理より
$$\mathbf{CD^2} = 1^2 + 1^2 - 2 \cdot 1 \cdot 1 \cdot \cos 30°$$
$$= \mathbf{2 - \sqrt{3}}$$

(3) 同様にして，S_n を求めると
$$\boldsymbol{S_n} = n \cdot \left(\frac{1}{2} \cdot 1 \cdot 1 \cdot \sin \frac{360°}{n}\right)$$
$$= \frac{\boldsymbol{n}}{\mathbf{2}} \sin \frac{\mathbf{360°}}{\boldsymbol{n}} \quad\quad ⇨ ①$$
$n = 60$ のとき
$$S_{60} = 30 \sin 6°$$
であり，三角比の表より $\sin 6°$ の値は 0.1045 であるから
$$\boldsymbol{S_{60}} = 30 \cdot 0.1045 = \mathbf{3.135}$$
よって，$\pi > S_{60}$ より，$\pi > 3.135$ であることがわかる。

(4) 半径 1 の円に外接する正 n 角形を n 個の合同な二等辺三角形に分け，次の図のようにそのうちの 1 つを $\triangle EOF$ とする．

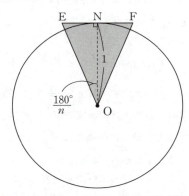

点 O から辺 EF に引いた垂線と辺 EF との交点を N とすると，$\triangle EON$ において
$$\begin{aligned} EN &= ON \tan \angle EON \\ &= 1 \cdot \tan \frac{180°}{n} \\ &= \tan \frac{180°}{n} \end{aligned}$$
より
$$EF = 2EN = 2\tan \frac{180°}{n}$$
よって
$$\triangle EOF = \frac{1}{2} EF \cdot ON = \tan \frac{180°}{n}$$
であるから
$$\boldsymbol{T_n} = n \cdot \triangle EOF = \boldsymbol{n \tan \frac{180°}{n}} \quad \Rightarrow ②$$
$n = 60$ のとき
$$T_{60} = 60 \tan 3°$$
であり，三角比の表より $\tan 3°$ の値は 0.0524 であるから
$$\boldsymbol{T_{60}} = 60 \cdot 0.0524 = \boldsymbol{3.144}$$
よって，$\pi < T_{60}$ より，$\pi < 3.144$ であることがわかる．

研究 $(2\sin 15°)^2 = 2 - \sqrt{3}$ より，$\sin 15°$ の値を求めてみよう．$\sin 15° > 0$ より
$$\sin 15° = \frac{\sqrt{2-\sqrt{3}}}{2}$$
である．ここで
$$\begin{aligned} \sqrt{2-\sqrt{3}} &= \sqrt{\frac{4-2\sqrt{3}}{2}} \\ &= \frac{\sqrt{(\sqrt{3}-1)^2}}{\sqrt{2}} \\ &= \frac{\sqrt{3}-1}{\sqrt{2}} = \frac{\sqrt{6}-\sqrt{2}}{2} \end{aligned}$$

であるから，$\sin 15° = \frac{\sqrt{6}-\sqrt{2}}{4}$ となる．
なお，$a > b > 0$ のとき
$$\begin{aligned} \sqrt{a+b-2\sqrt{ab}} &= \sqrt{(\sqrt{a}-\sqrt{b})^2} \\ &= \sqrt{a}-\sqrt{b} \end{aligned}$$
より，2 重根号を外すことができる．

第2問

〔1〕
(1) ⓪ 1990 年の食品 B の消費量は 5000 千トン弱，生産量は 3000 千トン強であり，生産量は消費量の
$$\frac{3000}{5000} \times 100 = 60 \, (\%)$$
以上であるから，輸入量は消費量の 40 % 以下である．よって，誤り．

① 食品 A の生産量は年によって差があるが，グラフからは天候の影響で変化しているかどうかは読み取れないので，正しいとは言えない．

② 食品 B の生産量は年によってあまり差がないが，グラフからは天候の影響で変化していないのかどうかは読み取れないので，正しいとは言えない．

③ 1993 年の食品 A の消費量は 10000 千トン強，生産量は 8000 千トン弱であり，消費量の方が多いので，誤り．

④ 食品 B の消費量はつねに 4000 千トンより多く，さらに増加傾向にあるが，生産量はつねに 4000 千トンよりも少なく，量の変化もほとんどないので，正しい．

よって，読み取れることとして正しいものは ④ である．

(2) 図 1 と図 2 を見比べると，食品 A の自給率は，どの年においても 100 % に近いのに対し，食品 B はつねに消費量の方が生産量よりも多い．

ゆえに，食品 A は食品 B に比べて自給率は**高い**．　　　　　　　　　　　$\Rightarrow ⓪$

また，食品 A の消費量は**減少**しているが，食品 B の消費量は**増加**している．　$\Rightarrow ①, ⓪$

(3) 小麦の消費量と生産量では相関がほとんど見られないので，⓪，①，④ は正しくない．

小麦の消費量と輸入量では正の相関が見られるので，③ は正しくない．

よって，相関係数の組合せとして正しいものは ② である．

小麦の消費量を x（千トン），生産量を y（千トン）とすると，図3より，およそ

$$6000 < x < 7200$$
$$400 < y \leqq 1000$$

であるから

$$\frac{400}{7200} < \frac{y}{x} < \frac{1000}{6000}$$

ゆえに

$$0.055\cdots < \frac{y}{x} < 0.166\cdots$$

よって，小麦の自給率は 5.5 ％から 16.7 ％の間である。　　　　　　　　　　　　　➡ ①

(4) 図8より，ばれいしょの消費量は減少傾向にある。

⓪ 図6より，ばれいしょの消費量が少ない年ほど生産量も少ない。

したがって，生産量は減少傾向にあるから，誤り。

① 図7より，ばれいしょの消費量が少ない年ほど輸入量は多い。

したがって，輸入量は増加傾向にあるから，正しい。

② 図6より，ばれいしょの消費量と生産量には正の相関関係が見られるので，誤り。

③ 図7より，ばれいしょの消費量が多いほど輸入量は少ないので，誤り。

よって，読み取れることとして正しいものは ① である。

〔2〕

$f_a(x) = ax - 5x^2$ とする。

(1)(i) 打ち上げてから2秒後にボールが地面に落ちるから

$$f_a(2) = 0$$
$$2a - 20 = 0$$

よって

$$a = 10$$

このとき

$$f_{10}(x) = 10x - 5x^2$$
$$= -5(x-1)^2 + 5$$

より，打ち上げた瞬間のボールの速さは毎秒 **10** m であり，ボールが到達する最高点の高さは **5** m である。

(ii) $$x(a - 5x) = 0$$

より，$x > 0$ を満たす $f_a(x) = 0$ の解は

$$x = \frac{a}{5}$$

であり，$x > 0$ を満たす $f_{2a}(x) = 0$ の解は

$$x = \frac{2a}{5}$$

よって，打ち上げた瞬間のボールの速さを2倍にすると，ボールを打ち上げてから地面に落ちるまでの時間は $\dfrac{a}{5}$ 秒から $\dfrac{2a}{5}$ 秒に変化するから，**2** 倍になる。　　　➡ ③

また

$$f_a(x) = -5\left(x - \frac{a}{10}\right)^2 + \frac{a^2}{20}$$

$$f_{2a}(x) = -5\left(x - \frac{a}{5}\right)^2 + \frac{a^2}{5}$$

より，打ち上げた瞬間のボールの速さを2倍にすると，最高点の高さは $\dfrac{a^2}{20}$ m から $\dfrac{a^2}{5}$ m に変化するから，**4** 倍になる。　　➡ ④

(2)(i) (1)より，打ち上げた瞬間のボールの速さが a のときの最高点の高さは $\dfrac{a^2}{20}$ m であり，天井の高さが h m であるから，ボールが天井にぶつかるための条件は

$$\frac{a^2}{20} \geqq h$$

$a > 0$，$h > 0$ であるから

$$a^2 \geqq 20h$$

よって，ボールが天井にぶつかるのは

$$a \geqq 2\sqrt{5h}$$

を満たすときである。　　　　　　　➡ ④

(ii) 打ち上げてから x 秒後にボールが天井にぶつかったとすると

$$h = f_{20}(x)$$
$$= 20x - 5x^2 \qquad \cdots\cdots\cdots ①$$

また，ボールを打ち上げてから 0.63 秒後にボールが天井にぶつかる音が聞こえたことから

$$0.63 = x + \frac{h}{340}$$

より

$$h = 340\left(\frac{63}{100} - x\right)$$

よって，①に代入して

$$340\left(\frac{63}{100} - x\right) = 20x - 5x^2$$

$$x^2 - 72x + \frac{3^2 \cdot 7 \cdot 17}{25} = 0$$

$$\left(x - \frac{3}{5}\right)\left(x - \frac{357}{5}\right) = 0$$

より

$$x = \frac{3}{5}, \ \frac{357}{5}$$

$0 < x \leqq 0.63$ であるから，①と合わせて

$$x = \frac{3}{5}, \ h = \frac{51}{5}$$

以上より，ボールを打ち上げてから天井にぶつ

かるまでの時間は **0.60** 秒であり，体育館の天井の高さは **10.2** m である。　⇨ ②，③

第3問

(1) 2 個の赤球と 1 個の白球が入った袋から球を取り出すから

$$P_1 = \frac{2}{3}$$

また，1 回目の操作で赤球を取り出したとき，2 回目の操作では 3 個の赤球と 1 個の白球が入った袋から球を取り出すから，1 回目に赤球が取り出され，2 回目にも赤球が取り出される確率は

$$\frac{2}{3} \cdot \frac{3}{4} = \frac{1}{2}$$

(2) 袋に赤球 a 個と白球 b 個が入っているとすると

$$P_1 = \frac{a}{a+b}$$

1 回目の操作で赤球を取り出したとき，2 回目の操作では $a+1$ 個の赤球と b 個の白球が入った袋から球を取り出すから，1 回目に赤球が取り出され，2 回目にも赤球が取り出される確率は

$$\frac{a}{a+b} \cdot \frac{a+1}{a+b+1} = \frac{a(a+1)}{(a+b)(a+b+1)}$$
⇨ ①

一方，1 回目の操作で白球を取り出したとき，2 回目の操作では a 個の赤球と $b+1$ 個の白球が入った袋から球を取り出すから，1 回目に白球が取り出され，2 回目には赤球が取り出される確率は

$$\frac{b}{a+b} \cdot \frac{a}{a+b+1} = \frac{ab}{(a+b)(a+b+1)}$$
⇨ ③

これらを用いると

$$
\begin{aligned}
&P_2 \\
&= \frac{a(a+1)}{(a+b)(a+b+1)} + \frac{ab}{(a+b)(a+b+1)} \\
&= \frac{a(a+b+1)}{(a+b)(a+b+1)} \\
&= \frac{a}{a+b} \\
&= P_1
\end{aligned}
$$

より，袋に入っている球の個数によらず $P_1 = P_2$ である。

(3) 袋に赤球 a 個と白球 b 個が入っているとき，3 回目には赤球と白球を合わせて $a+b+2$ 個の中から 1 個を取り出すから，取り出す球が X である確率は

$$\frac{1}{a+b+2}$$
⇨ ⑤

3 回目に取り出す球が X であるという条件の下で，

取り出した球 X が赤球であるのは，2 回目に赤球を取り出したときであるから，確率は

$$P_2$$
⇨ ⓪

P_3 について，3 回目に取り出す球が X でない確率は

$$\frac{a+b+1}{a+b+2}$$

3 回目に取り出す球が X でないという条件の下で，取り出した球が赤球である確率は，2 回目の操作を行うときと同じ状況において赤球を取り出す確率と等しいから

$$P_2$$

以上より

$$
\begin{aligned}
P_3 &= \frac{1}{a+b+2} \cdot P_2 + \frac{a+b+1}{a+b+2} \cdot P_2 \\
&= P_2
\end{aligned}
$$

となり，袋に入っている球の個数によらず

$$P_3 = P_2 = P_1 = \frac{a}{a+b}$$
⇨ ⓪

研究

同様に，すべての自然数 k に対して

$$P_k = P_1 = \frac{a}{a+b}$$

がいえる。すなわち，この操作で赤球を取り出す確率は，最初に袋に入っている赤球と白球の個数によってのみ決まり，操作を行う回数によらない。

第4問

(1) $x = s,\ y = t$ が方程式 $15x - 37y = 1$ を満たすとき

$$15s - 37t = 1$$

が成り立つ。この式の両辺を 3 倍すると

$$15 \cdot 3s - 37 \cdot 3t = 3$$

より，**$x = 3s,\ y = 3t$ は方程式 $15x - 37y = 3$ を満たすこと**を利用して，方程式 $15x - 37y = 3$ の整数解を求めることができる。　⇨ ②

$$37 = 15 \times 2 + 7,\quad 15 = 7 \times 2 + 1$$

より

$$
\begin{aligned}
1 &= 15 - 7 \times 2 \\
&= 15 - (37 - 15 \times 2) \times 2 \\
&= 15 \times 5 - 37 \times 2
\end{aligned}
$$

であるから，**$x = 5,\ y = 2$** は方程式 $15x - 37y = 1$ を満たす。

先の考察より，$x = 15,\ y = 6$ は方程式 $15x - 37y = 3$ を満たし

$$15 \times 15 - 37 \times 6 = 3$$

— ① － 6 —

$15x - 37y = 3$ から辺々を引いて
$$15(x - 15) - 37(y - 6) = 0$$
$$\mathbf{15(x - 15) = 37(y - 6)}$$
15 と 37 は互いに素であるから,k を整数として
$$x - 15 = 37k, \quad y - 6 = 15k$$
よって
$$\boldsymbol{x = 37k + 15, \ y = 15k + 6}$$
である。

(2) 方程式 $15x - 37y = 3$ について,15,3 は 3 の倍数であるから,$37y$ も 3 の倍数である。

37 と 3 は互いに素であるから,ℓ を整数として
$$y = 3\ell$$
とおける。このとき
$$15x - 37 \cdot 3\ell = 3$$
$$5x - 37\ell = 1$$
ゆえに
$$x = \frac{37\ell + 1}{5}$$
ここで,x が整数となるのは $37\ell + 1$ が 5 の倍数のときであり
$$37\ell + 1 = 5 \cdot 7\ell + 2\ell + 1$$
より,それは $2\ell + 1$ が 5 の倍数のときである。

m を整数として $\ell = 5m,\ 5m + 1,\ 5m + 2,$ $5m + 3,\ 5m + 4$ のとき,$2\ell + 1$ を 5 で割った余りをそれぞれ調べると

$\ell = 5m$ のとき
$$2\ell + 1 = 5 \cdot 2m + 1 \ \text{より余りは} \ 1$$
$\ell = 5m + 1$ のとき
$$2\ell + 1 = 5 \cdot 2m + 3 \ \text{より余りは} \ 3$$
$\ell = 5m + 2$ のとき
$$2\ell + 1 = 5(2m + 1) \ \text{より余りは} \ 0$$
$\ell = 5m + 3$ のとき
$$2\ell + 1 = 5(2m + 1) + 2 \ \text{より余りは} \ 2$$
$\ell = 5m + 4$ のとき
$$2\ell + 1 = 5(2m + 1) + 4 \ \text{より余りは} \ 4$$
以上より,$2\ell + 1$ が 5 の倍数となるのは $\ell = 5m + 2$ のとき,すなわち,$\boldsymbol{\ell}$ を **5 で割った余りが 2 のとき**である。　　　　　　⇨ ①

$$15x - 37y = 3 \ \text{より}$$
$$15x = 37y + 3$$
である。15 は 5 の倍数であるから,$37y + 3$ も 5 の倍数であり
$$37y + 3 = 5 \cdot 7y + 2y + 3$$
より,それは $2y + 3$ が 5 の倍数のときである。

p を整数として $y = 5p,\ 5p + 1,\ 5p + 2,\ 5p + 3,$

$5p + 4$ のとき,$2y + 3$ を 5 で割った余りをそれぞれ調べると

$y = 5p$ のとき
$$2y + 3 = 5 \cdot 2p + 3 \ \text{より余りは} \ 3$$
$y = 5p + 1$ のとき
$$2y + 3 = 5(2p + 1) \ \text{より余りは} \ 0$$
$y = 5p + 2$ のとき
$$2y + 3 = 5(2p + 1) + 2 \ \text{より余りは} \ 2$$
$y = 5p + 3$ のとき
$$2y + 3 = 5(2p + 1) + 4 \ \text{より余りは} \ 4$$
$y = 5p + 4$ のとき
$$2y + 3 = 5(2p + 2) + 1 \ \text{より余りは} \ 1$$
以上より,$2y + 3$ が 5 の倍数となるのは $y = 5p + 1$ のとき,すなわち,$\boldsymbol{y}$ を **5 で割った余りは 1 である**ことがわかる。　　　　　　　　⇨ ⓪

別解

「解説」では,5 で割った余りで考察しているが,$37\ell + 1$ が 5 の倍数になるとき,k' を整数とすると,$37\ell + 1 = 5k'$ と表せ,$\ell = 2$,$k' = 15$ がこの式を満たすことから,**太郎さん**の構想のようにして解いてもよい。
$$37 \cdot 2 + 1 = 5 \cdot 15$$
より
$$37(\ell - 2) = 5(k' - 15)$$
37 と 5 は互いに素なので,p を整数として
$$\ell - 2 = 5p, \quad k' - 15 = 37p$$
これより,x が整数となるのは,ℓ を 5 で割った余りが 2 のときであることがわかる。

後半も $37y + 3$ が 5 の倍数になるとき,k'' を整数とすると,$37y + 3 = 5k''$ と表せ,$y = 1$,$k'' = 8$ がこの式を満たすことから
$$37 \cdot 1 + 3 = 5 \cdot 8$$
したがって
$$37(y - 1) = 5(k'' - 8)$$
37 と 5 は互いに素なので,p' を整数として
$$y - 1 = 5p', \quad k'' - 8 = 37p'$$
これより,y を 5 で割った余りが 1 であることがわかる。

(3) 方程式 $73x - 28y = 7$ について,28,7 は 7 の倍数であるから,$73x$ も 7 の倍数である。

73 と 7 は互いに素であるから,q を整数として
$$x = 7q$$
とおける。このとき
$$73 \times 7q - 28y = 7$$
ゆえに

— ① – 7 —

$73q - 4y = 1$ ……………①

であり，$q = 1$, $y = 18$ はこの方程式を満たすので
$73 \times 1 - 4 \times 18 = 1$ ……………②

①－② より
$73(q - 1) - 4(y - 18) = 0$

ゆえに
$73(q - 1) = 4(y - 18)$

73 と 4 は互いに素であるから，n を整数として
$q - 1 = 4n$, $y - 18 = 73n$

ゆえに
$q = 4n + 1$, $y = 73n + 18$

$x = 7q$ より
$\boldsymbol{x = 28n + 7, \ y = 73n + 18}$

である。

第5問

(1) 大円 O において接弦定理より
$\angle ATX = \angle ABT$ ⇨ ⓪

であり，小円 O′ において接弦定理より
$\angle CTY = \angle CDT$ ⇨ ⓪

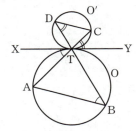

よって，$\angle ATX = \angle CTY$ より
$\angle ABT = \angle CDT$

であるから
AB ∥ DC

が成り立つ。

(2)(i) △TAB において，正弦定理より
$2r = \dfrac{AB}{\sin \angle ATB}$

すなわち
$r = \dfrac{AB}{2\sin \angle ATB}$

△TCD において，正弦定理より
$2r' = \dfrac{CD}{\sin \angle CTD}$

すなわち
$r' = \dfrac{CD}{2\sin \angle CTD}$

対頂角は等しいので
$\angle ATB = \angle CTD$

よって
$r : r' = \dfrac{AB}{2\sin \angle ATB} : \dfrac{CD}{2\sin \angle CTD}$
$= AB : CD$
$= 3 : 2$

であるから
$\dfrac{r}{r'} = \dfrac{\boldsymbol{3}}{\boldsymbol{2}}$

(ii) AB ∥ DC より
$ED : DA = EC : CB$

ゆえに
$\dfrac{ED}{DA} = \dfrac{EC}{CB}$ ⇨ ③

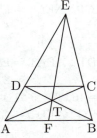

よって，チェバの定理より
$\dfrac{ED}{DA} \cdot \dfrac{AF}{FB} \cdot \dfrac{BC}{CE} = 1$

であるから
$\dfrac{\boldsymbol{AF}}{\boldsymbol{FB}} = \boldsymbol{1}$

である。

AB : CD = 3 : 2 のとき，AE : DE = 3 : 2 より
$\dfrac{\boldsymbol{AD}}{\boldsymbol{DE}} = \dfrac{\boldsymbol{1}}{\boldsymbol{2}}$

である。よって，メネラウスの定理より
$\dfrac{ET}{TF} \cdot \dfrac{FB}{BA} \cdot \dfrac{AD}{DE} = 1$

$\dfrac{ET}{TF} \cdot \dfrac{1}{2} \cdot \dfrac{1}{2} = 1$

であるから
$\dfrac{\boldsymbol{ET}}{\boldsymbol{TF}} = \boldsymbol{4}$

EF = a とおくと
$ET = \dfrac{4}{5}a$, $TF = \dfrac{1}{5}a$

であり，EG : GF = ED : DA = 2 : 1 より
$EG = \dfrac{2}{3}a$, $GF = \dfrac{1}{3}a$

であるから
EG : GT : TF
$= \dfrac{2}{3}a : \left(\dfrac{1}{3}a - \dfrac{1}{5}a\right) : \dfrac{1}{5}a$
$= \boldsymbol{10 : 2 : 3}$

である。

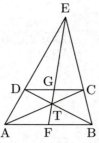

そして，面積について，AF : AB = 1 : 2 より
$$\triangle EAF : \triangle EAB = AF : AB$$
$$= 1 : 2$$
ET : TF = 4 : 1 より
$$\triangle EAT : \triangle EAF = ET : EF$$
$$= 4 : 5$$
AD : DE = 1 : 2 より
$$\triangle EDT : \triangle EAT = ED : EA$$
$$= 2 : 3$$
EG : GT = 10 : 2 = 5 : 1 より
$$\triangle DTG : \triangle EDT = GT : ET$$
$$= 1 : 6$$
よって，△DTG の面積は
$$\triangle DTG = \frac{1}{6} \cdot \frac{2}{3} \cdot \frac{4}{5} \cdot \frac{1}{2} \triangle EAB$$
$$= \frac{2}{45} S$$
である。

MEMO

模試 第2回
解　答

問題番号(配点)	解答記号	正解	配点	自己採点
第1問 (30)	$(a-\boxed{ア})(a-\boxed{イ})x-\boxed{ウ}(a-\boxed{エ})$	$(a-1)(a-2)x-4(a-2)$	1	
	$\boxed{オ}$	①	3	
	$\boxed{カ}$	②	3	
	$\boxed{キ}a^2-\boxed{クケ}a+\boxed{コサ}$	$9a^2-31a+26$	3	
	$\boxed{シ}$	②	2	
	$\boxed{ス}$	①	2	
	$\boxed{セ}$	③	2	
	$\boxed{ソタ}°$	$60°$	2	
	$\angle\mathrm{CPB}=\boxed{チツ}°$	$\angle\mathrm{CPB}=60°$	1	
	$\boxed{テ}$	④	2	
	$\boxed{ト}$	⓪	3	
	$\angle\mathrm{PAC}=\boxed{ナニ}°$	$\angle\mathrm{PAC}=90°$	3	
	$\mathrm{AP}:\mathrm{CP}=1:\boxed{ヌ}$	$\mathrm{AP}:\mathrm{CP}=1:2$	3	
第2問 (30)	$\boxed{ア}$ 本	2 本	2	
	$\boxed{イウエ}$ 本	370 本	2	
	$\boxed{オカキクケ}$ 円	61050 円	2	
	$\boxed{コ}$	③	3	
	$\boxed{サシス}$ 円	175 円	3	
	$\boxed{セソタ} \leqq P \leqq \boxed{チツテ}$	$160 \leqq P \leqq 181$	3	
	$\boxed{ト}$, $\boxed{ナ}$	③, ⑤※	各3	
	$\boxed{ニ}$	②	3	
	$\boxed{ヌ}$	②	3	
	$\boxed{ネ}$	⓪	3	

問題番号（配点）	解　答　記　号	正　解	配点	自己採点
第3問 (20)	$\boxed{ア}$	③	2	
	$\dfrac{\boxed{イ}}{\boxed{ウ}}$	$\dfrac{3}{4}$	2	
	$\dfrac{\boxed{エ}}{\boxed{オ}}$	$\dfrac{2}{3}$	2	
	$\boxed{カキ}$ 個	16 個	2	
	$\dfrac{\boxed{ク}}{\boxed{ケ}}$, $\dfrac{\boxed{コ}}{\boxed{サ}}$, $\dfrac{\boxed{シ}}{\boxed{ス}}$	$\dfrac{3}{8}$, $\dfrac{1}{8}$, $\dfrac{1}{3}$	各3	
	$\boxed{セ}$	②	3	
第4問 (20)	$f(3) = \boxed{ア}$	$f(3) = 3$	1	
	$f(4) = \boxed{イ}$	$f(4) = 1$	1	
	$\boxed{ウ}$	2	1	
	$\boxed{エ}$	4	1	
	$\boxed{オ}$	⑧	2	
	$\boxed{カ}$	③	2	
	$\boxed{キ}$	⓪	2	
	$\boxed{ク}$	⑦	2	
	$\boxed{ケ}$	④	2	
	$f(8) = \boxed{コ}$	$f(8) = 1$	2	
	$f(16) = \boxed{サ}$	$f(16) = 1$	2	
	$\boxed{シ}$	⑧	2	
第5問 (20)	$\cos\angle ABC = \dfrac{\boxed{ア}}{\boxed{イ}}$	$\cos\angle ABC = \dfrac{1}{2}$	2	
	$\boxed{ウエ}\sqrt{\boxed{オ}}$	$10\sqrt{3}$	1	
	$\boxed{カ}$	①	2	
	$r = \sqrt{\boxed{キ}}$	$r = \sqrt{3}$	1	
	$\boxed{ク}$	③	3	
	$\boxed{ケ}$	⑤	3	
	$\boxed{コサ}r'$	$10r'$	3	
	$r' = \boxed{シ}\sqrt{\boxed{ス}}$	$r' = 2\sqrt{3}$	2	
	$\boxed{セ}$	⓪	3	

(注) 第1問，第2問は必答。第3問～第5問のうちから2問選択。計4問を解答。
　　なお，上記以外のものについても得点を与えることがある。正解欄に※があるものは，解答の順序は問わない。

第1問 小計		第2問 小計		第3問 小計		第4問 小計		第5問 小計		合計点	/100

第1問

〔1〕

$f(x)$ を変形すると
$$f(x) = (a-1)(a-2)x - 4(a-2)$$

(1) $a = 1$ のとき
$$f(x) = 0 \cdot (-1) \cdot x - 4 \cdot (1-2)$$
$$= 4$$

となるので，すべての x に対し $f(x) \neq 0$ である。よって，x の方程式 $f(x) = 0$ は**実数解をもたない**。　⇨ ①

$a = 2$ のとき
$$f(x) = 1 \cdot 0 \cdot x - 4 \cdot 0$$
$$= 0$$

となるので，すべての x に対し $f(x) = 0$ である。よって，x の方程式 $f(x) = 0$ は**すべての実数 x が解**である。　⇨ ②

(2) $a < 1$ のとき
$$a - 1 < 0 \text{ かつ } a - 2 < 0$$

ゆえに
$$(a-1)(a-2) > 0$$

である。これより，関数 $y = f(x)$ はグラフの傾きが正である1次関数なので，最大値は
$$f(9) = (a^2 - 3a + 2) \cdot 9 - 4a + 8$$
$$= 9a^2 - 31a + 26$$

〔2〕

(1) 2 m は 2000 mm であるので
$$\tan\theta = \frac{14}{2000} = 0.007$$

よって，三角比の表より $\theta = 0.4°$ である。　⇨ ②

　したがって，A 宅の損害の度合いは**一部損**と判断できる。　⇨ ①

(2) 題意のときの傾きを θ' とすると
$$\tan\theta' = \frac{\ell}{1000}$$

であるので，$15 \leq \ell \leq 16$ より
$$\frac{15}{1000} \leq \frac{\ell}{1000} \leq \frac{16}{1000}$$
$$0.015 \leq \tan\theta' \leq 0.016$$

したがって
$$0.8° < \theta' < 1.0°$$

より，B 宅の損害の度合いは**大半損**と判断できる。　⇨ ③

〔3〕

(1) △ABC は正三角形であるから
$$\angle CBA = 60°$$

円周角の定理より
$$\angle CPA = \angle CBA = 60°$$

である。

(2) (1)と同様に，円周角の定理より
$$\angle CPB = \angle CAB = 60°$$

である。

　△PBC に余弦定理を用いると
$$BC^2 = BP^2 + CP^2 - 2BP \cdot CP \cos 60°$$
$$= BP^2 + CP^2 - BP \cdot CP \quad ⇨ ④$$

と表せる。

　同様に，△PCA に余弦定理を用いると
$$CA^2 = CP^2 + AP^2 - 2CP \cdot AP \cos 60°$$
$$= CP^2 + AP^2 - CP \cdot AP$$

と表せる。

　よって，$CA = BC$ より
$$CP^2 + AP^2 - CP \cdot AP = BP^2 + CP^2 - BP \cdot CP$$
$$AP^2 - BP^2 - CP \cdot AP + BP \cdot CP = 0$$
$$(AP - BP)(AP + BP) - CP(AP - BP) = 0$$

ゆえに
$$(AP - BP)(AP + BP - CP) = 0$$

が成り立つ。したがって
$$AP - BP = 0 \text{ または } AP + BP - CP = 0$$

という関係式が得られる。　⇨ ⓪

　$AP - BP = 0$ すなわち $AP = BP$ のとき
$$\angle APC = \angle BPC \ (= 60°)$$

であるから
$$\angle PAB = \angle PBA = \frac{180° - 120°}{2} = 30°$$

である。よって
$$\angle PAC = \angle PAB + \angle BAC$$
$$= 30° + 60° = 90°$$

となるから，△PAC は $\angle PAC = 90°$ の直角三角形であり，$\angle APC = 60°$ より
$$AP : CP = 1 : 2$$

したがって，$AP = BP$ と $CP = 2AP$ より
$$AP + BP - CP = 2AP - 2AP = 0$$

よって，点 P の位置によらず，$AP + BP = CP$ である。

第2問

〔1〕

(1) 販売価格 P （円）に対応する売上本数 Q （本）を (P, Q) とする。2015 年と 2018 年の状況を表す2点 $(150, 400)$，$(170, 360)$ を通る直線の傾きは

$$\frac{360-400}{170-150} = -\frac{40}{20} = -2$$

であるから，販売価格を 1 円上げるごとに，販売本数は **2** 本減ると予測される。

また，その直線の方程式は
$$Q = -2(P-150) + 400$$
ゆえに
$$Q = -2P + 700 \quad \cdots\cdots\cdots ①$$
となる。①より，販売価格を $P=165$ とすると，売上本数は
$$Q = -2 \cdot 165 + 700 = \mathbf{370} \quad (本)$$
であり，このときの売上総額は
$$PQ = 165 \cdot 370 = \mathbf{61050} \quad (円)$$
になると予測できる。

(2) 販売価格を $P = x + 150$（円）とすると，①より販売本数は
$$Q = -2(x+150) + 700$$
$$= -2x + 400 \quad (本)$$
であるから，このときの売上総額は
$$y = PQ = (x+150)(-2x+400)$$
ゆえに
$$y = -2(x+150)(x-200) \quad (円)$$
$$\cdots\cdots\cdots ②$$
と表せる。

よって，y は x の 2 次関数として表され，そのグラフは上に凸の放物線になる。 ⇨ **③**

(3) ②の放物線は x 軸と 2 点 $(-150, 0), (200, 0)$ で交わるから，この放物線の軸の方程式は
$$x = \frac{200-150}{2} = 25$$
である。すなわち，y は $x = 25$ のとき最大となるから，売上総額を最大にするには，販売価格を
$$P = 25 + 150 = \mathbf{175} \quad (円)$$
に設定すればよいと予測できる。

(4) 2019 年度の売上本数未満にならないようにする目標は，条件 $Q \geqq 338$ として表せる。

したがって，①より
$$-2P + 700 \geqq 338$$
$$P \leqq 181 \quad \cdots\cdots\cdots ③$$
また，売上総額を 60800 円以上にする目標は，条件 $y \geqq 60800$ として表せる。

したがって，②より
$$-2(x+150)(x-200) \geqq 60800$$
$$x^2 - 50x + 400 \leqq 0$$
$$(x-10)(x-40) \leqq 0$$
ゆえに

$$10 \leqq x \leqq 40$$
が成り立つ。したがって，$P = x + 150$ より
$$160 \leqq P \leqq 190 \quad \cdots\cdots\cdots ④$$
となる。

③，④より，目標が達成できると予測される販売価格 P 円のとり得る値の範囲は
$$\mathbf{160 \leqq P \leqq 181}$$

〔2〕
(1) ⓪ 不登校児童数の最大値は 2750 人より多く，病気欠席児童数の最大値は 2750 人より少ない。
よって，正しい。

① 不登校児童数が 1000 人以上の県は 8 県，病気欠席児童数が 1000 人以上の県は 6 県ある。
よって，正しい。

②
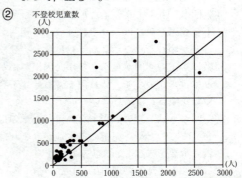

点 $(0, 0)$ と点 $(500, 500)$ を結ぶ直線を引くと，直線より上側にある点の方が直線より下側にある点よりも多いので，不登校児童数が病気欠席児童数よりも多い県の方が多い。
よって，正しい。

③ 点 $(2000, 0)$ と点 $(0, 2000)$ を結ぶ直線を引くと，直線より上側にある点は七つある。

よって，病気欠席児童数と不登校児童数の合計が 2000 人以上の県は 7 県あるので，**正しくない**。

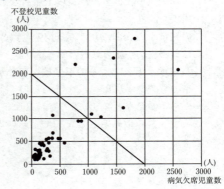

④ 不登校児童数の第 3 四分位数は，多い方から数えて 12 番目の人数であり，500 人以上である。

よって，正しい。

⑤ 病気欠席児童数が 500 人以上の県は 11 県なので，正しくない。

以上より，読み取れることとして正しくないものは ③ と ⑤ である。

(2) ⓪ 教員数と不登校児童数にも正の相関があるので，児童数と教員数の正の相関の方が強いことが，①の理由とはならない。

① 教員数と不登校児童数にも正の相関があるので，児童数と不登校児童数の正の相関の方が強いことが，①の理由とはならない。

② 図 3，図 4 より，児童数と教員数，児童数と不登校児童数にはそれぞれ強い正の相関があることがわかる。これより，教員数と不登校児童数にも正の相関が見られるが，因果関係があるとは言えないので，**教員数を減らせば不登校児童数が減るとは限らない。**

③ 図からは，教員数が少ないほど児童の自主性が高まることや，児童の自主性が高まれば不登校児童数が減ることは読み取れない。

よって，下線部①の理由は ② である。

(3) 児童 1 万人あたりの教員数と児童 1 万人あたりの不登校児童数には，相関が見られないので，相関係数に最も近い値は **−0.16** である。　⇨ ②

(4) ⓪ 児童 1 万人あたりの不登校児童数と読書率には負の相関が見られるので，**正しい。**

① 読書率が 75 ％以上でも児童 1 万人あたりの不登校児童数が 40 人より多い県（散布図の右から 2 番目など）があるので，誤り。

② 読書率が最も高い県（散布図の上から 1 番目）の不登校児童数は 30 人より多いが，30 人より少ない県（散布図の左から 1 番目など）があるので，誤り。

③ 児童 1 万人あたりの不登校児童数と読書率には負の相関が見られるので，誤り。

④ 児童 1 万人あたりの不登校児童数が 35 人以下でも読書率が 85 ％より少ない県（散布図の左から 1 番目など）があるので，誤り。

よって，読み取れることとして正しいものは ⓪ である。

第 3 問

(1)(i) 1 枚の硬貨を投げるとき，表となる事象と裏となる事象は同様に確からしい。よって，2 枚の硬貨 X，Y を同時に投げる試行について，**この試行における根元事象は「2 枚とも表となる事象」，「2 枚とも裏となる事象」，「X のみが表となる事象」，「Y のみが表となる事象」の 4 個あり，これらは同様に確からしい。**　⇨ ③

(ii) X，Y のうち少なくとも一方が表となる事象は，同様に確からしい 4 個の根元事象のうち 3 個ある。よって，その確率は $\dfrac{3}{4}$ である。

また，4 個ある根元事象のうち，表となった硬貨があるものは「2 枚とも表となる事象」，「X のみが表となる事象」，「Y のみが表となる事象」の 3 個あり，このうち，表となった硬貨がちょうど 1 枚であるものは「X のみが表となる事象」，「Y のみが表となる事象」の 2 個であるから，求める条件付き確率は $\dfrac{2}{3}$ である。

(2)(i) 4 枚の硬貨を同時に投げ，正方形 ABCD の四つの頂点に 1 枚ずつ，硬貨の裏表を変えずに無作為に置く試行について，4 枚の硬貨を区別しないとき，同様に確からしい根元事象は四つの頂点 A，B，C，D のそれぞれについて，置かれた硬貨が表である事象と裏である事象の 2 個あるから

$$2^4 = \mathbf{16} \,(個)$$

ある。

(ii) (i)の 16 個のうち，ちょうど 2 枚の硬貨が表となっているものは，置かれた硬貨が表である頂点の選び方を考えて

$$_4\mathrm{C}_2 = \frac{4 \cdot 3}{2} = 6 \,(個)$$

あるから，事象 E_1 が起こる確率は

$$\frac{6}{16} = \frac{\mathbf{3}}{\mathbf{8}}$$

である。

次に，(i)の 16 個のうち，ちょうど 2 枚の硬貨が表となっており，かつ，正方形の隣り合う頂点に置かれた硬貨の裏表がすべて異なるものは「A と C に置かれた硬貨のみが表である」，「B と D に置かれた硬貨のみが表である」の 2 個であるから，事象 $E_1 \cap E_2$ が起こる確率は

$$\frac{2}{16} = \frac{\mathbf{1}}{\mathbf{8}}$$

である。

よって，事象 E_1 が起こったときに，事象 E_2

— ② － 5 —

が起こる条件付き確率は
$$\frac{\frac{1}{8}}{\frac{3}{8}} = \frac{1}{3}$$
である。

(3) (2)の事象における硬貨の裏表を(3)の事象における硬貨の種類（10円硬貨か5円硬貨か）に対応させると，(2)において事象 E_1 が起こったときに，事象 E_2 が起こる条件付き確率は，(3)において正方形の隣り合う頂点に置かれた硬貨がすべて異なる確率と等しいことがわかる。

よって，確率が $\frac{1}{3}$ となるものは，**2枚の10円硬貨が隣り合う頂点には置かれていない確率**である。
⇨ ②

第4問

(1) $n = 3$ のとき，はじめ，3枚のカードがあり，カードに書かれた番号は上から順に「1, 2, 3」である。

1回目の作業1では，1と書かれたカードを束の一番下に入れるから，作業のあと，カードに書かれた番号は上から順に「2, 3, 1」となる。

1回目の作業2では，一番上にある2と書かれたカードを束から取り除くから，作業のあと，カードに書かれた番号は上から順に「3, 1」となる。

2回目の作業1では，3と書かれたカードを束の一番下に入れるから，作業のあと，カードに書かれた番号は上から順に「1, 3」となる。

2回目の作業2では，一番上にある1と書かれたカードを束から取り除くから，作業のあと，3と書かれたカードだけが残る。

よって
$$f(3) = 3$$

$n = 4$ のとき，1回目の作業1のあと，カードに書かれた番号は上から順に「2, 3, 4, 1」となるから，1回目の作業2では2と書かれたカードを束から取り除く。

2回目の作業1のあと，カードに書かれた番号は上から順に「4, 1, 3」となるから，2回目の作業2では4と書かれたカードを束から取り除く。

3回目の作業1のあと，カードに書かれた番号は上から順に「3, 1」となるから，3回目の作業2では3と書かれたカードを束から取り除き，1と書かれたカードだけが残る。

よって
$$f(4) = 1$$

(2) p を3以上の自然数とし，$n = 2p$ とする。

1回目の作業1のあと，カードに書かれた番号は上から順に「2, 3, 4, …, 2p, 1」となるから，1回目の作業2では **2** と書かれたカードを束から取り除く。

2回目の作業1のあと，カードに書かれた番号は上から順に「4, 5, 6, …, 2p, 1, 3」となるから，2回目の作業2では **4** と書かれたカードを束から取り除く。

同様に操作を続けると，p 回目の操作までに偶数が書かれたカードを順に1枚ずつ取り除き，奇数が書かれたカードを順に束の一番下に入れるから，p 回目の操作では，**$2p$** と書かれたカードを束から取り除く。
⇨ ⑧

また，p 回の操作で，2, 4, 6, …, 2p と書かれた全部で p 枚のカードを取り除き，カードに書かれた番号は上から順に「1, 3, 5, …, 2p−1」となるから，カードの束には **p** 枚のカードが残る。
⇨ ③

そして，一番上にあるカードに書かれた番号は
$$1 \qquad ⇨ ⓪$$
一番下にあるカードに書かれた番号は
$$2p - 1 \qquad ⇨ ⑦$$

n 枚のカードの束に対して，カードが1枚になるまで操作を繰り返したとき，最後に残るカードに書かれた番号は $f(n)$ である。このことから，上から順に「1, 3, 5, …, 2p−1」が書かれた p 枚のカードの束に対して，カードが1枚になるまで操作を繰り返したとき，最後に残るのは，束の上から $f(p)$ 番目にあるカード，つまり，$2f(p) - 1$ と書かれたカードであるから
$$f(2p) = 2f(p) - 1 \qquad ⇨ ④$$
これを用いると
$$f(8) = 2f(4) - 1 = 2 \cdot 1 - 1 = 1$$
$$f(16) = 2f(8) - 1 = 2 \cdot 1 - 1 = 1$$
同様に，自然数 k に対して，一般に
$$f(2^k) = 1$$
が成り立つ。

(3) $r > 0$ のとき，n 枚のカードの束に対して，操作を r 回繰り返すと，2, 4, …, 2r と書かれたカードを順に取り除くから，その直後，一番上にあるカードに書かれた番号は $2r + 1$ である。

残っている枚数が 2^m 枚であることと，(2)より $f(2^m) = 1$ であることから，この時点で一番上にあるカードが，カードが1枚になるまで操作を繰り返したとき最後に残る。よって
$$f(n) = 2r + 1 \qquad ⇨ ⑧$$
$r = 0$ のとき，$n = 2^m$ であるから，この式は $r = 0$ のときも成り立つ。

第5問

(1)(i)

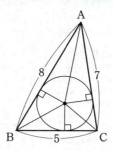

$a = 5$, $b = 7$, $c = 8$ のとき，△ABC において，余弦定理より
$$\cos \angle ABC = \frac{AB^2 + BC^2 - CA^2}{2AB \cdot BC}$$
$$= \frac{8^2 + 5^2 - 7^2}{2 \cdot 8 \cdot 5} = \frac{1}{2}$$
したがって
$$\angle ABC = 60°$$
よって，△ABC の面積は
$$\frac{1}{2} AB \cdot BC \sin \angle ABC$$
$$= \frac{1}{2} \cdot 8 \cdot 5 \cdot \frac{\sqrt{3}}{2}$$
$$= 10\sqrt{3}$$
△ABC の内接円 O の半径を r とすると，△ABC の面積は
$$\frac{1}{2} r BC + \frac{1}{2} r CA + \frac{1}{2} r AB$$
$$= \frac{1}{2} r (BC + CA + AB)$$
$$= \frac{1}{2} r \ell \qquad ⇨ ①$$
と表せる。いま，$\ell = 20$ であるから，r は
$$\frac{1}{2} r \cdot 20 = 10\sqrt{3}$$
よって
$$r = \sqrt{3}$$

(ii) 円 O は △ABC の辺 BC，CA，AB と接する。また，円 O′ は △ABC の辺 BC，および辺 CA，AB の延長と接する。

よって，円 O′ と(i)の円 O には，ともにそれぞれの中心から △ABC の三つの辺またはその延長に下ろした三本の垂線の長さが等しいという性質がある。 ⇨ ③

円 O′ の半径を r'，△ABC の面積を S とすると，四角形 ARO′Q の面積は
(四角形 ARO′Q)
$$= \triangle ABC + (四角形 BRO′P) + (四角形 CQO′P)$$
$$= S + 2\triangle O′PB + 2\triangle O′PC$$
$$= S + 2\triangle O′CB = S + 2 \cdot \frac{1}{2} \cdot 5r'$$
$$= S + 5r' \qquad ⇨ ⑤$$
一方
(四角形 ARO′Q)
$$= \triangle ARO′ + \triangle AQO′$$
$$= \frac{1}{2} r'(AB + BR) + \frac{1}{2} r'(AC + CQ)$$
$$= \frac{1}{2} r'(AB + PB) + \frac{1}{2} r'(AC + CP)$$
$$= \frac{1}{2} r'(AB + BC + CA)$$
$$= \frac{1}{2} r' \cdot 20 = 10r'$$
とも表せるから
$$S + 5r' = 10r' \qquad \cdots\cdots ①$$
$$5r' = 10\sqrt{3}$$
よって
$$r' = 2\sqrt{3}$$

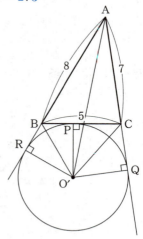

(2) △ABC の外側にあり，△ABC の一辺と他の二つの辺の延長上の点において接する円を △ABC の傍接円とよぶ。(1)(ii)において，△ABC の傍接円が接する辺の長さを x，傍接円の半径を R とおくと，①より

$$S + xR = \frac{1}{2}R\ell$$
したがって
$$R = \frac{2S}{\ell - 2x}$$
ここで，S と ℓ は定数であるから，x が大きければ大きいほど $\ell - 2x$ は小さく，R は大きい。

いま，$a < b < c$ であるから
$$r_\text{A} < r_\text{B} < r_\text{C} \qquad \Rightarrow \text{⓪}$$

模試 第3回
解　答

問題番号 (配点)	解 答 記 号	正 解	配点	自己採点
第1問 (30)	ア	②	2	
	$m = $ イ	$m = 2$	1	
	ウ $\leqq x <$ エ	$1 \leqq x < 2$	2	
	オ $a +$ カ	$3a + 1$	1	
	$\dfrac{キ}{ク} \leqq a <$ ケ	$\dfrac{2}{3} \leqq a < 1$	2	
	$\dfrac{コ}{サ} \leqq a <$ シ	$\dfrac{3}{4} \leqq a < 1$	2	
	$\cos \angle \mathrm{BCA} = \dfrac{ス}{セ}$	$\cos \angle \mathrm{BCA} = \dfrac{1}{2}$	2	
	$R_1 = \dfrac{ソ\sqrt{タ}}{チ}$	$R_1 = \dfrac{7\sqrt{3}}{3}$	2	
	ツテ$\sqrt{ト}$	$10\sqrt{3}$	2	
	$r_1 = \sqrt{ナ}$	$r_1 = \sqrt{3}$	2	
	ニ	⑧	2	
	ヌ , ネ	⓪ , ④	各1	
	ノ $< x <$ ハヒ	$3 < x < 10$	2	
	フ	⓪	2	
	ヘ , ホ	② , ⓪	各2	
第2問 (30)	ア	③	4	
	イ	①	4	
	ウエ $< b <$ オ	$-2 < b < 0$	3	
	カ	⑥	4	
	キ	②	3	
	ク	①	3	
	ケ	④	3	
	コ	③	2	
	サ , シ	② , ④※	各2	

問題番号 (配点)	解 答 記 号	正 解	配点	自己採点
第3問 (20)	$\dfrac{ア}{イウ}$	$\dfrac{1}{12}$	2	
	$\dfrac{エオ}{カキ}$	$\dfrac{11}{36}$	3	
	$\dfrac{ク}{ケコ}$	$\dfrac{8}{11}$	3	
	サシ 通り	31 通り	3	
	$\dfrac{ス}{セソ}$	$\dfrac{4}{45}$	3	
	$\dfrac{タチ}{ツテト}$	$\dfrac{34}{225}$	3	
	$p > \dfrac{ナニ}{ヌネノ}$	$p > \dfrac{33}{128}$	3	
第4問 (20)	$a =$ ア	$a = 5$	1	
	$p =$ イ	$p = 2$	1	
	$a =$ ウ , $b =$ エ	$a = 2,\ b = 1$	2	
	$p =$ オ , $q =$ カ	$p = 2,\ q = 3$	2	
	キ	⓪	1	
	ク	①	1	
	ケ と コ	② と ⑤※	2	
	サ	③	2	
	シス 個	15 個	2	
	セソ	99	2	
	$n =$ タチ	$n = 12$	2	
	ツ 個	5 個	2	
第5問 (20)	ア	④	2	
	イ	③	3	
	ウ	④	3	
	エ , オ	⓪, ⑤※	各3	
	カ	②	3	
	キ ＋ ク $\sqrt{}$ ケ	$4 + 4\sqrt{3}$	3	

(注) 第1問，第2問は必答。第3問～第5問のうちから2問選択。計4問を解答。
　　 なお，上記以外のものについても得点を与えることがある。正解欄に※があるものは，解答の順序は問わない。

第1問小計		第2問小計		第3問小計		第4問小計		第5問小計		合計点	/100

第1問

〔1〕

(1) $x+1$ を超えない最大の整数が 3 となるのは
$$3 \leqq x+1 < 4$$
のときである。

よって，$[x+1]=3$ を満たす x の値の範囲は
$$\boldsymbol{2 \leqq x < 3} \quad \Rightarrow ②$$

そして，$[x+1]=m$ とおくと，$[m+1]=3$ を満たす m の値の範囲は
$$2 \leqq m < 3$$
であり，m は整数であるから
$$\boldsymbol{m = 2}$$
である。よって，$[[x+1]+1]=3$ を満たす x の値の範囲は，$[x+1]=2$ を満たす x の値の範囲であるから
$$2 \leqq x+1 < 3$$
より
$$\boldsymbol{1 \leqq x < 2}$$

(2) 条件 p を満たす x は
$$[ax+1]=3$$
を満たす。よって，条件 p を満たすすべての x が条件 q を満たすとき，条件 q は
$$[a \cdot 3 + 1]=3$$
より
$$\boldsymbol{[3a+1]=3}$$
となる。これより，条件 p を満たすすべての x が条件 q を満たすような a の値の範囲は
$$3 \leqq 3a+1 < 4$$
より
$$\boldsymbol{\frac{2}{3} \leqq a < 1}$$

そして，$[ax+1]$ は整数であるから，n を整数として $[ax+1]=n$ とおくと，条件 q は
$$[an+1]=3$$
となる。よって，$[an+1]=3$ を満たす n の値の範囲は
$$3 \leqq an+1 < 4$$
より
$$\frac{2}{a} \leqq n < \frac{3}{a} \quad \cdots\cdots\cdots\cdots①$$
また，x が条件 p を満たすとき
$$n = [ax+1]=3$$
であるから，条件 q を満たすすべての x が条件 p を満たすのは，① に含まれる整数が $n=3$ のみとなる a の値の範囲である。よって

$$2 < \frac{2}{a} \leqq 3 \ \text{かつ} \ 3 < \frac{3}{a} \leqq 4$$
である。これより，求める a の値の範囲は
$$a < 1 \ \text{かつ} \ \frac{2}{3} \leqq a \ \text{かつ} \ \frac{3}{4} \leqq a$$
より
$$\boldsymbol{\frac{3}{4} \leqq a < 1}$$

〔2〕

(1) 余弦定理より
$$\boldsymbol{\cos \angle BCA} = \frac{5^2 + 8^2 - 7^2}{2 \cdot 5 \cdot 8}$$
$$= \boldsymbol{\frac{1}{2}}$$
よって，$\angle BCA = 60°$ であるから，正弦定理より
$$2R_1 = \frac{7}{\sin 60°}$$
$$= \frac{7}{\frac{\sqrt{3}}{2}} = \frac{14\sqrt{3}}{3}$$
したがって
$$\boldsymbol{R_1 = \frac{7\sqrt{3}}{3}}$$
また，$\triangle ABC$ の面積は
$$\frac{1}{2} CA \cdot CB \sin \angle BCA = \frac{1}{2} \cdot 8 \cdot 5 \cdot \frac{\sqrt{3}}{2}$$
$$= \boldsymbol{10\sqrt{3}}$$
であり，$\triangle ABC$ の内接円の中心を I とすると
$$\triangle ABC = \triangle IAB + \triangle IBC + \triangle ICA$$
より
$$\frac{r_1}{2}(7+5+8) = 10\sqrt{3}$$
$$10r_1 = 10\sqrt{3}$$
よって
$$\boldsymbol{r_1 = \sqrt{3}}$$

(2) 正弦定理より
$$2R = \frac{7}{\sin \angle BCA}$$
よって
$$\boldsymbol{\sin \angle BCA = \frac{7}{2R}} \quad \cdots\cdots\cdots\cdots①$$
$$\Rightarrow ⑧$$
また，$\triangle ABC$ の面積は，x, y, $\sin \angle BCA$ を用いて表すと
$$\boldsymbol{\frac{1}{2} xy \sin \angle BCA} \quad \Rightarrow ⓪$$
となり，x, y, r を用いて表すと
$$\boldsymbol{\frac{r}{2}(7+x+y) = \frac{1}{2}(x+y+7)r} \quad \Rightarrow ④$$
となる。

よって，$\triangle ABC$ の面積について

─③─ ─3─

$$\frac{1}{2}xy\sin\angle\mathrm{BCA} = \frac{1}{2}(x+y+7)r$$

より

$$xy\sin\angle\mathrm{BCA} = (x+y+7)r$$

①を代入すると

$$\frac{7xy}{2R} = (x+y+7)r$$

より

$$Rr = \frac{7xy}{2(x+y+7)}$$

頂点 C が $x+y=13$ を満たすように動くとき，三角形の 2 辺の長さの和は他の 1 辺の長さよりも大きいことから

$$x+y>7 \ \text{かつ} \ x+7>y \ \text{かつ} \ y+7>x$$

いま，$x+y=13$ であるから

$$x+7>13-x \ \text{かつ} \ (13-x)+7>x$$

よって

$$\boldsymbol{3 < x < 10}$$

ここで

$$\begin{aligned}
Rr &= \frac{7xy}{2(x+y+7)} \\
&= \frac{7x(13-x)}{2(13+7)} \\
&= \frac{7}{40}x(13-x) \\
&= -\frac{7}{40}\left(x-\frac{13}{2}\right)^2 + \frac{7}{40}\cdot\left(\frac{13}{2}\right)^2
\end{aligned}$$

であるから，$3<x<10$ のとき，Rr は $x=\dfrac{13}{2}$ のときに最大となる。

このとき，$y=\dfrac{13}{2}$ より $x=y$ となる。ここで，$x^2+y^2\neq 7^2$ より，このとき $\triangle\mathrm{ABC}$ は直角三角形ではない。

したがって，Rr は，$\triangle\mathrm{ABC}$ が $\boldsymbol{BC = CA}$ である二等辺三角形のときに最大となる。　⇨ ⓪

また，(1)のときの $\angle\mathrm{BCA}$ の大きさを θ_1（$=60°$），Rr が最大値をとるときの $\angle\mathrm{BCA}$ の大きさを θ_2 とすると，余弦定理より

$$\begin{aligned}
\cos\theta_2 &= \frac{\left(\frac{13}{2}\right)^2+\left(\frac{13}{2}\right)^2-7^2}{2\cdot\frac{13}{2}\cdot\frac{13}{2}} \\
&= \frac{71}{169} < \frac{1}{2}
\end{aligned}$$

よって

$$0 < \cos\theta_2 < \cos\theta_1$$

より $\theta_1 < \theta_2 < 90°$ であるから

$$\sin\theta_1 < \sin\theta_2$$

したがって

$$\frac{1}{\sin\theta_1} > \frac{1}{\sin\theta_2}$$

これと $R=\dfrac{7}{2\sin\angle\mathrm{BCA}}$ より

$$\boldsymbol{R_1 > R_2} \qquad\qquad ⇨ ②$$

このとき，$r_1 \geqq r_2$ とすると

$$R_1 r_1 > R_2 r_2$$

となるが，これは，Rr の最大値が $R_2 r_2$ であることに矛盾する。よって

$$\boldsymbol{r_1 < r_2} \qquad\qquad ⇨ ⓪$$

第2問

〔1〕

(1) 頂点の y 座標が負なので

$$\begin{aligned}
f(x) &= ax^2+bx+a \\
&= a\left(x+\frac{b}{2a}\right)^2 + \frac{4a^2-b^2}{4a}
\end{aligned}$$

より，$\dfrac{4a^2-b^2}{4a}<0$ であり，図 1 の放物線は下に凸なので，$a>0$ であることから

$$4a^2-b^2<0$$
$$(2a-b)(2a+b)<0$$

また，頂点の x 座標 $-\dfrac{b}{2a}$ が正であるから，$a>0$ のとき，$b<0$ である。したがって

$$0<a<-\frac{b}{2} \qquad\qquad\cdots\cdots① $$

$a>0$，$b<0$ である ③，④ のうち，①を満たすのは，③ のみ。　⇨ ③

(2) $b=2$ のとき

$$f(x) = a\left(x+\frac{1}{a}\right)^2 + \frac{a^2-1}{a}$$

(i) $-1<a<0$ のとき

頂点の x 座標 $\ -\dfrac{1}{a}>1$

頂点の y 座標 $\ \dfrac{a^2-1}{a}>0$

より，頂点は第 1 象限にある。

(ii) $0<a<1$ のとき

頂点の x 座標 $\ -\dfrac{1}{a}<-1$

頂点の y 座標 $\ \dfrac{a^2-1}{a}<0$

より，頂点は第 3 象限にある。

よって，$y=f(x)$ のグラフの頂点があるところは，**第 1 象限と第 3 象限**である。　⇨ ①

(3) $a=1$ のとき

$$f(x) = \left(x+\frac{b}{2}\right)^2 - \frac{b^2-4}{4}$$

と変形できるので，頂点がつねに第 1 象限にある

ための条件は
$$-\frac{b}{2} > 0 \quad かつ \quad -\frac{b^2-4}{4} > 0$$
これを解くと
$$b < 0 \quad かつ \quad b^2 - 4 < 0$$
$$b < 0 \quad かつ \quad (b+2)(b-2) < 0$$
したがって
$$b < 0 \quad かつ \quad -2 < b < 2$$
よって，題意を満たす b の値の範囲は
$$\mathbf{-2 < b < 0}$$

(4) すべての象限を通る直線は存在しないから，$y = ax^2 + bx + a$ のグラフがすべての象限を通るには，$a \neq 0$ である。

$a > 0$ のとき，$y = f(x)$ のグラフは，下に凸の放物線なので，すべての象限を通るのは，y 軸との交点の y 座標が負のときである。

また，$a < 0$ のとき，$y = f(x)$ の放物線は，上に凸の放物線なので，すべての象限を通るのは，y 軸との交点の y 座標が正のときである。

ここで，$y = f(x)$ の放物線と y 軸との交点は $(0, a)$ であるから，$a > 0$ のとき，$y = f(x)$ のグラフと y 軸との交点の y 座標は正となり，$a < 0$ のとき，$y = f(x)$ のグラフと y 軸との交点の y 座標は負となる。

いずれの場合も，すべての象限を通るグラフにはならない。　　　　　　　　　　⇨ ⑥

〔2〕
(1) 28個のデータのうち，第1四分位数は小さい方から7番目と8番目の平均，中央値は小さい方から14番目と15番目の平均，第3四分位数は大きい方から7番目と8番目の平均である。

(i) 第1四分位数の条件（46日以上50日未満）を満たしているのは ⓪，②，③ である。中央値の条件（50日以上54日未満）も満たしているのは ⓪，② である。さらに，第3四分位数の条件（54日以上58日未満）も満たしているのは ② である。

よって，最も適当なものは ② である。

(ii) 第3四分位数の条件（58日以上62日未満）を満たしているのは ①，③ である。最小値の条件（46日以上50日未満）も満たしているのは ① である。

よって，最も適当なものは ① である。

(2) 図4より，開花日と平均気温の月平均（3月）は負の相関がみられるので，④，⑤ が適している。

そして，図6より，開花日と降水量の月合計（3月）には相関がみられないので，④ が適している。

ゆえに，相関係数の組合せとして正しいものは ④ の

平均気温の月平均（3月）：-0.706
降水量の月合計（3月）：-0.049

(3)

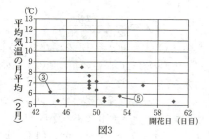
図3

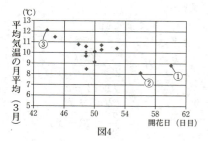
図4

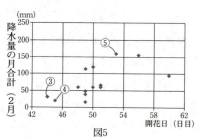
図5

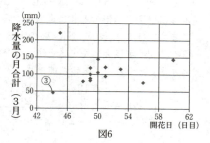
図6

⓪ 図4より，開花日が最も遅い年は①であるが，①より②の方が3月の平均気温の月平均が低いので，誤り。

① 図5より，開花日が最も早い年は③であるが，③より④の方が2月の降水量の月合計が少ないので，誤り。

② 図4より，3月の平均気温の月平均が最も高い年は，開花日が最も早い③であるが，図3より，③よりも2月の月平均気温の月平均が高い年があるので，誤り。

③ 図4より，3月の平均気温の月平均が最も高い年は，開花日が最も早い③であり，図6より，3月の降水量の月合計が最も少ないのは③であるから，正しい。

④ 図3より，⑤は2月の平均気温の月平均が6℃以下であるが，図5より2月の降水量は100mmを超えているので，誤り。

よって，正しいものは③である。

(4) ⓪，① 最高気温の和が600℃に達した日と開花日の関係を調べるのだから，600℃に達した日のみ調べても「600℃の法則」が成り立つかどうかはわからない。

② 「600℃の法則」が成り立つならば，最高気温の和が600℃に達した日と開花日は近いはずであり，差の絶対値の平均値は0日に近くなるから，差の絶対値の平均値を調べるのは正しい。

③ 最高気温の和が600℃に達した日と開花日が近くなくても，差の絶対値の散らばりが小さい場合がありうる。よって，差の絶対値の標準偏差を調べても，「600℃の法則」が成り立つかどうかはわからない。

④ 「600℃の法則」が成り立つならば，開花日までの最高気温の和は600℃に近くなり，和の平均は600℃に近くなるはずだから，和の平均を調べるのは正しい。

よって，正しいものは②と④である。

研究

統計では

資料 $\Longrightarrow$ 分析して仮説を立てる

仮説 $\Longrightarrow$ 検証するために，資料を集め分析する

の二通りから考えていく。数学の問題では，与えられた資料から出発して考えることがほとんどだが，実生活では，仮説から出発することも多いだろう。(4)も仮説から出発する問題であり，「600℃の法則」が成り立つならば，何が成り立つかを考えて検証することを決めるのがポイントである。「解説」からもわかるように，検証方法は1通りとは限らないことにも注意しよう。②，④の他に，「最高気温の和が600℃に達したのが2月1日から数えて何日目かと，開花したのが2月1日から数えて何日目かを

調べて，14年間の相関係数を調べる」という方法もある。

(4)について，実際に14年間のデータを調べると

② 最高気温の和が600℃に達したのが2月1日から数えて何日目かと，開花したのが2月1日から数えて何日目かの差の絶対値の平均値は，1.71日である。

④ 2月1日から開花日までの最高気温の和の平均値は，610.9℃である。

となり，上で紹介した方法について，14年間の相関係数を調べると0.872である。これより，最高気温の和が600℃に達した日と開花日が近いことが読み取れる。

第3問

ページ間の移動をA，B，→で表す。たとえば，A内のページからB内のページに移動することをA→Bと表す。

(1) A→Bとなる確率は $\dfrac{1}{3}$，B→Bとなる確率は $\dfrac{1}{4}$ であるから，求める確率は

$$\frac{1}{3} \cdot \frac{1}{4} = \frac{1}{12}$$

また，2回移動した時点で利用者がB内のページを表示している場合には，次の2通りがある。

(ｱ) A→B→Bとなるとき
上で求めた通り，確率は
$$\frac{1}{12}$$

(ｲ) A→A→Bとなるとき
確率は
$$\frac{2}{3} \cdot \frac{1}{3} = \frac{2}{9}$$

(ｱ)，(ｲ)より，求める確率は
$$\frac{1}{12} + \frac{2}{9} = \frac{11}{36}$$

以上より，2回移動した時点で利用者がB内のページを表示しているとき，ページを1回移動した時点ではA内のページを表示していた確率は

$$\frac{\dfrac{2}{9}}{\dfrac{11}{36}} = \frac{8}{11}$$

(2)(i) 1回も移動せずインターネットの利用を終えるのは1通り。

1回の移動の後にインターネットの利用を終えるのは，A→Aとなった後利用を終えるときと

—③— 6 —

A→Bとなった後利用を終えるときがあるから，2 通り。

　2 回の移動の後にインターネットの利用を終えるのは，2 回の移動の仕方を考えて 2^2 通り。

　3 回の移動の後にインターネットの利用を終えるのは，3 回の移動の仕方を考えて 2^3 通り。

　4 回の移動の後にインターネットの利用を終えるのは，4 回の移動の仕方を考えて 2^4 通り。

　よって，求める移動の仕方は
$$1+2+2^2+2^3+2^4 = 31 \text{（通り）}$$

(ⅱ) 3 回の移動により B の運営者に 3 円が与えられるのは，A→B→B となるときである。

　このとき，A→B が 1 回，B→B が 2 回あるから，確率は
$$\frac{1}{5} \cdot \left(\frac{2}{3}\right)^2 = \frac{4}{45}$$

このとき，4 回目の移動の有無や移動の仕方によらず，B の運営者には 3 円以上が与えられる。この他に，4 回以内の移動により B の運営者に 3 円以上が与えられる移動の仕方には，次の 2 通りがある。

(ア) A→B→A→B→B または A→B→B→A→B のいずれかとなるとき

　2 通りのそれぞれについて，A→B が 2 回，B→A が 1 回，B→B が 1 回あるから，確率は
$$\left(\frac{1}{5}\right)^2 \cdot \frac{1}{6} \cdot \frac{2}{3} \cdot 2 = \frac{2}{225}$$

(イ) A→A→B→B→B となるとき

　A→A が 1 回，A→B が 1 回，B→B が 2 回あるから，確率は
$$\frac{3}{5} \cdot \frac{1}{5} \cdot \left(\frac{2}{3}\right)^2 = \frac{4}{75}$$

よって，(ア)，(イ)より，求める確率は
$$\frac{4}{45} + \frac{2}{225} + \frac{4}{75} = \frac{34}{225}$$

B 内のページを最初に表示しているとき，4 回以内の移動により，B の運営者に 3 円以上が与えられる移動の仕方には，次の 2 通りがある。

(ウ) B→B→B→B となるとき

　確率は
$$\left(\frac{2}{3}\right)^3 = \frac{8}{27}$$

(エ) B→A→B→B→B，B→B→A→B→B，B→B→B→A→B のいずれかとなるとき

　3 通りのそれぞれについて，B→A が 1 回，

A→B が 1 回，B→B が 2 回あるから，確率は
$$\frac{1}{6} \cdot \frac{1}{5} \cdot \left(\frac{2}{3}\right)^2 \cdot 3 = \frac{2}{45}$$

(ウ)，(エ)より
$$\frac{8}{27} + \frac{2}{45} = \frac{46}{135}$$

B 内のページを最初に表示している確率が p であるから，A 内のページを最初に表示している確率は $1-p$ である。

　よって，求める p の条件は
$$\frac{34}{225}(1-p) + \frac{46}{135}p > \frac{1}{5}$$
より
$$\boldsymbol{p > \frac{33}{128}}$$

第 4 問

(1) 自然数 N が (ⅰ) $N = p^a$ の形で表されるとき，N の正の約数は
$$1, \ p, \ p^2, \ \cdots, \ p^a$$
であるから，正の約数の個数は $a+1$（個）である。よって，$n=6$ のとき
$$a+1 = 6$$
すなわち
$$\boldsymbol{a = 5}$$
であり，$N = p^5$ が最小となるのは，p が最小の素数のときだから
$$\boldsymbol{p = 2}$$
のときである。

　自然数 N が (ⅱ) $N = p^a \times q^b$ の形で表されるとき，N の正の約数は
$$(1+p+p^2+\cdots+p^a)(1+q+q^2+\cdots+q^b)$$
を展開した式の各項であるから，正の約数の個数は
$$(a+1)(b+1) \text{（個）}$$
である。よって，$n=6$ のとき
$$(a+1)(b+1) = 6$$
$a+1 \geqq 2$，$b+1 \geqq 2$，$a \geqq b$ より
$$a+1 = 3, \ b+1 = 2$$
ゆえに
$$\boldsymbol{a = 2, \ b = 1}$$
であり，$N = p^2 \times q^1$ が最小となるのは，p が最小の素数で，q が 2 番目に小さい素数のときだから
$$\boldsymbol{p = 2, \ q = 3}$$
のときである。

(2) $n=1$ となるような自然数 N は，1 のみである。

　$n=2$ となるような自然数 N は，1 とその数自身

のみを正の約数にもつ 1 以外の自然数であるから，素数である。　⇨ ⓪

$n=3$ となるような自然数 N は，ある素数を p としたときに

$$1,\ p,\ p^2$$

のみを正の約数にもつ自然数であるから，p^2 すなわち素数の **2 乗**である。　⇨ ①

$n=4$ となるような自然数 N は，ある素数を p としたときに

$$1,\ p,\ p^2,\ p^3$$

あるいは，ある素数を $p,\ q\ (p<q)$ としたときに

$$1,\ p,\ q,\ pq$$

のみを正の約数にもつ自然数であるから，p^3 すなわち素数の **3 乗**と，pq すなわち異なる二つの素数の積である。　⇨ ②，⑤

$n=5$ となるような自然数 N は，ある素数を p としたときに

$$1,\ p,\ p^2,\ p^3,\ p^4$$

のみを正の約数にもつ自然数であるから，p^4 すなわち素数の **4 乗**である。　⇨ ③

(3)　$n=6$ のとき，p^5 の形で表される 2 桁の自然数 N は

$$2^5=32,\ 3^5=243\ (\geqq 100)$$

より 2^5 のみであり，$p^2\times q$ の形で表される 2 桁の自然数は

(i)　$p=2$ のとき，$p^2=4$ より $q<25$ であるから

$$q=3,\ 5,\ 7,\ 11,\ 13,\ 17,\ 19,\ 23\ (8\ 個)$$

(ii)　$p=3$ のとき，$p^2=9$ より

$$q<\frac{100}{9}=11+\frac{1}{9}$$

であるから

$$q=2,\ 5,\ 7,\ 11\ (4\ 個)$$

(iii)　$p=5$ のとき，$p^2=25$ より

$$q<4$$

であるから

$$q=2,\ 3\ (2\ 個)$$

(iv)　$p=7$ のとき，$p^2=49$ より

$$q<\frac{100}{49}=2+\frac{2}{49}$$

であるから

$$q=2\ (1\ 個)$$

(v)　$p\geqq 11$ のとき，$p^2\geqq 121\ (\geqq 100)$ であるから，$p^2\times q$ の形で表される自然数は存在しない。

以上より，$p^2\times q$ の形で表される 2 桁の自然数 N は

$$8+4+2+1=15\ (個)$$

また，$n=6$ である 2 桁の自然数 N のうち，最大の N は，$3^2\times 11$ より **99** である。

(4)　素数の積について

$$2\times 3\times 5=30$$
$$2\times 3\times 5\times 7=210\ (\geqq 100)$$

より，2 桁の自然数 N は，1 以上の整数 $a,\ b,\ c$ と，異なる素数 $p,\ q,\ r$ を用いて

(i)　p^a

(ii)　$p^a\times q^b$

(iii)　$p^a\times q^b\times r^c$

のいずれかで表されることがわかるので，それぞれの場合について考える。

(i)　$N=p^a$ のとき $n=a+1$ であり，p が小さい方が a が大きくなるので

$$2^6=64,\ 2^7=128$$

より，$a=6$ すなわち $n=7$ のときが最大である。

(ii)　$N=p^a\times q^b$ のとき $n=(a+1)(b+1)$ であり，$p,\ q$ が小さい方が $a,\ b$ が大きくなるので，$p=2,\ q=3$ のときを考えると，$2^a\times 3^b$ における b の最大値は

$$a=1\ のとき\ 3^b<50\ より\qquad b=3$$
$$a=2\ のとき\ 3^b<25\ より\qquad b=2$$
$$a=3\ のとき\ 3^b<\frac{25}{2}\ より\qquad b=2$$
$$a=4\ のとき\ 3^b<\frac{25}{4}\ より\qquad b=1$$
$$a=5\ のとき\ 3^b<\frac{25}{8}\ より\qquad b=1$$
$$a\geqq 6\ のとき\ 3^b<\frac{25}{16}\ より存在しない$$

であるから，$(3+1)\cdot(2+1)$ または $(5+1)\cdot(1+1)$ より，$n=12$ のときが最大である。

(iii)　$N=p^a\times q^b\times r^c$ のとき $n=(a+1)(b+1)(c+1)$ であり，$p,\ q,\ r$ が小さい方が $a,\ b,\ c$ が大きくなるので，$p=2,\ q=3,\ r=5$ のときを考えると，$2^a\times 3^b\times 5^c<100$ を満たす $a,\ b,\ c$ の値の組 $(a,\ b,\ c)$ は

$$(1,\ 1,\ 1),\ (2,\ 1,\ 1),\ (1,\ 2,\ 1)$$

であるから，$(2+1)\cdot(1+1)\cdot(1+1)$ または $(1+1)\cdot(2+1)\cdot(1+1)$ より，$n=12$ のときが最大である。

同様に，$p=2,\ q=3,\ r=7$ のとき，$a,\ b,\ c$ の値の組 $(a,\ b,\ c)$ は

$$(1,\ 1,\ 1),\ (2,\ 1,\ 1)$$

であるから，$(2+1)\cdot(1+1)\cdot(1+1)$ のとき $n=12$ である。

以上より，n が最大となるのは $n = 12$ のときであり，$n = 12$ となるのは (ii) より
$$2^3 \times 3^2 = 72$$
$$2^5 \times 3 = 96$$
(iii) より
$$2^2 \times 3 \times 5 = 60$$
$$2^2 \times 3 \times 7 = 84$$
$$2 \times 3^2 \times 5 = 90$$
であるから，全部で **5** 個ある。

第5問

(1) △A′P′C は，△APC を点 C のまわりに時計回りに 60° だけ回転移動した三角形であるから
$$\triangle A'P'C \equiv \triangle APC$$
したがって
$$AP = A'P' \quad \cdots\cdots\cdots ①$$
$$CP = CP' \quad \cdots\cdots\cdots ②$$
② および ∠P′CP = 60° より，△P′CP は正三角形であるから
$$CP = PP' \quad \cdots\cdots\cdots ③$$
よって，①，③ より
$$\mathbf{AP + BP + CP = A'P' + BP + PP'}$$
 ⇨ ④

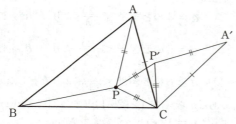

点 P の位置が変化すると，それに応じて点 P′ の位置も変化するが，点 B と点 A′ の位置は変化しない。

よって，2点 P，P′ が **直線 A′B** 上にあることがあれば，そのときに AP + BP + CP は最小となる。
 ⇨ ③

△PCP′ は正三角形であるから，4点 A′，P′，P，B が一直線上にあるとき
$$\angle BPC = 180° - \angle P'PC = \mathbf{120°}$$
 ⇨ ④

ここで，△ABC は鋭角三角形であり，内角はすべて 120° よりも小さい。

したがって，点 P は確かに △ABC の内部にある。

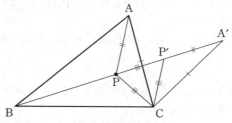

(2) ⓪ 時計回りに回転移動する角が 60° のとき，△ACA′ は正三角形となるから，AA′ = AC は成り立つ。しかし，時計回りに回転移動する角が 60° でないときには，AA′ = AC は成り立たないことがある。

①，④ 時計回りに回転移動する角の大きさによらず △APC ≡ △A′P′C であるから，AC = A′C，CP = CP′ は成り立つ。

②，③ 時計回りに回転移動する角が 60° のときにも，AP = AP′，AP = PP′ は成り立たないことがある。

⑤ 時計回りに回転移動する角が 60° のとき，△PCP′ は正三角形となるから，CP = PP′ は成り立つ。しかし，時計回りに回転移動する角が 60° でないときには，CP = PP′ は成り立たないことがある。
 ⇨ ⓪，⑤

(3) 次の図のように，△ABP を点 B のまわりに反時計回りに 60° 回転移動した三角形を △A′BP′，△DQC を点 C のまわりに時計回りに 60° 回転移動した三角形を △D′Q′C とする。

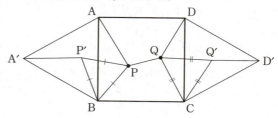

(1)と同様に考えて
$$AP + BP + PQ + CQ + DQ$$
$$= A'P' + P'P + PQ + QQ' + Q'D'$$
であるから，4点 P′，P，Q，Q′ が直線 A′D′ 上にあるときに AP + BP + PQ + CQ + DQ は最小となる。

△PP′B，△QCQ′ は正三角形であるから，6点 A′，P′，P，Q，Q′，D′ が一直線上にあるとき
$$\triangle AA'B \equiv \triangle DD'C$$
である。

さらに，正方形と正三角形の対称性より

A′D′ ⊥ AB

であるから，△APP′ と △BPP′ は合同な正三角形である。よって

∠APB = ∠CQD = 60° + 60° = 120°

⇨ ②

∠BPP′ = 60° より，∠APP′ = 60° であるから

$$AP = BP = CQ = DQ$$
$$= \frac{1}{2}AB \cdot \frac{1}{\sin 60°}$$
$$= \frac{4\sqrt{3}}{3}$$

$$PQ = 4 - 2BP\cos 60° = 4 - \frac{4\sqrt{3}}{3}$$

より

AP + BP + PQ + CQ + DQ
$$= \frac{4\sqrt{3}}{3} \cdot 4 + 4 - \frac{4\sqrt{3}}{3}$$
$$= \mathbf{4 + 4\sqrt{3}}$$

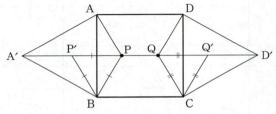

模試 第4回
解　答

問題番号 (配点)	解答記号	正解	配点	自己採点
第1問 (30)	($\boxed{ア}a-\boxed{イ}$)($x-\boxed{ウ}$)	$(2a-1)(x-2)$	2	
	$x=\boxed{エ}$	$x=2$	2	
	$\boxed{オカ} \leqq x \leqq \boxed{キ}$	$-2 \leqq x \leqq 2$	3	
	$\boxed{ク}$	⓪	3	
	$BD=\sqrt{\boxed{ケ}}$	$BD=\sqrt{5}$	1	
	$\cos\angle ABD=\dfrac{\sqrt{\boxed{コ}}}{\boxed{サ}}$, $\cos\angle CBD=\dfrac{\sqrt{\boxed{シ}}}{\boxed{ス}}$	$\cos\angle ABD=\dfrac{\sqrt{5}}{3}$, $\cos\angle CBD=\dfrac{\sqrt{5}}{5}$	各2	
	$\boxed{セ}$	⓪	1	
	$\boxed{ソ}$	①	3	
	$AC'=\boxed{タ}$	$AC'=2$	2	
	$BD=\sqrt{\boxed{チ}}$	$BD=\sqrt{7}$	2	
	$\cos\angle BAD=\dfrac{\boxed{ツ}}{\boxed{テ}}$	$\cos\angle BAD=\dfrac{1}{2}$	2	
	$\sqrt{\boxed{ト}}<BD<\boxed{ナ}$	$\sqrt{7}<BD<3$	2	
	$\dfrac{\boxed{ニ}}{\boxed{ヌ}}<\cos\angle BAD<\dfrac{\boxed{ネ}}{\boxed{ノ}}$	$\dfrac{1}{3}<\cos\angle BAD<\dfrac{1}{2}$	3	
第2問 (30)	$\boxed{ア}$	①	3	
	$\boxed{イ}$	③	3	
	$\dfrac{\boxed{ウエ}}{\pi-\boxed{オ}} \leqq x \leqq \boxed{カキ}$	$\dfrac{10}{\pi-2} \leqq x \leqq 20$	3	
	$\dfrac{\boxed{クケ}}{\pi}$ m	$\dfrac{50}{\pi}$ m	3	
	$\dfrac{\boxed{コサ}}{\pi}<x<\dfrac{\boxed{シス}}{\pi}$	$\dfrac{50}{\pi}<x<\dfrac{60}{\pi}$	3	
	$\boxed{セ}$, $\boxed{ソ}$	①, ⑥※	各2	
	$\boxed{タ}$	③	2	
	$\boxed{チ}$	②	3	
	$\boxed{ツ}$	④	2	
	$\boxed{テ}$, $\boxed{ト}$, $\boxed{ナ}$, $\boxed{ニ}$	②, ⑧, ⑤, ⓪	各1	

問題番号 (配点)	解答記号	正解	配点	自己採点
第3問 (20)	$\dfrac{ア}{イウ}$, $\dfrac{エ}{オカ}$	$\dfrac{1}{25}$, $\dfrac{9}{25}$	各1	
	$\dfrac{キ}{クケ}$, $\dfrac{コサ}{シス}$	$\dfrac{1}{30}$, $\dfrac{11}{30}$	各1	
	セ	①	2	
	ソ	①	2	
	タ	⓪	2	
	チ	②	2	
	ツ	①	3	
	テ	⓪	3	
	ト	⓪	2	
第4問 (20)	ア	①	2	
	イ	⓪	2	
	ウ	⓪	2	
	エ	⓪	2	
	オ	②	2	
	カ	1	2	
	キ	①	3	
	ク	①	2	
	ケ	②	3	
第5問 (20)	ア	①	2	
	イ	③	2	
	ウ	⑤	2	
	エ	②	2	
	オ	②	2	
	カ	②	2	
	キ, ク, ケ	①, ②, ③※	各1	
	コ	①	2	
	サ	①	3	

(注) 第1問, 第2問は必答。第3問~第5問のうちから2問選択。計4問を解答。
　　　なお, 上記以外のものについても得点を与えることがある。正解欄に※があるものは, 解答の順序は問わない。

第1問 小計		第2問 小計		第3問 小計		第4問 小計		第5問 小計		合計点	
											/100

第1問

〔1〕

(1)
$$(2a-1)x - 4a + 2$$
$$= (2a-1)x - 2(2a-1)$$
$$= \boldsymbol{(2a-1)(x-2)}$$

よって，集合 A の要素 x の条件は
$$(2a-1)(x-2) \geqq 0$$

と書けるから，$x=2$ のとき，a の値に関係なく上の不等式は成り立つ。すなわち，$\boldsymbol{x=2}$ は a の値に関係なく，集合 A の要素である。

(2) $0 < a < \dfrac{1}{2}$ のとき，$2a-1 < 0$ だから(1)より
$$A = \{x \mid x \leqq 2\}$$

と表せる。一方，集合 C の要素 x の条件は
$$a(x+2) \geqq 0$$

と書けるから，$0 < a < \dfrac{1}{2}$ のとき
$$C = \{x \mid x \geqq -2\}$$

と表せる。

したがって，集合 $A \cap C$ の要素 x は
$$\boldsymbol{-2 \leqq x \leqq 2}$$

を満たすすべての実数である。

(3) $a < 0$ のとき，(2)と同様に
$$A = \{x \mid x \leqq 2\}$$

よって
$$\overline{A} = \{x \mid x > 2\}$$

であり，集合 B の要素 x の条件は
$$x > -\dfrac{1}{3}$$

と書けるから
$$\overline{B} = \left\{x \;\middle|\; x \leqq -\dfrac{1}{3}\right\}$$

よって
$$\overline{A} \cup \overline{B} = \left\{x \;\middle|\; x \leqq -\dfrac{1}{3} \text{ または } x > 2\right\}$$

一方，$a < 0$ のとき
$$C = \{x \mid x \leqq -2\}$$

と表せるから
$$C \subset \left(\overline{A} \cup \overline{B}\right)$$

以上より，p は q であるための**必要条件である**が，**十分条件ではない。** ⇨ ⓪

〔2〕

(1) △ABD において，余弦定理より
$$BD^2 = AB^2 + AD^2 - 2AB \cdot AD \cos \angle BAD$$
$$= 3^2 + 2^2 - 2 \cdot 3 \cdot 2 \cdot \dfrac{2}{3} = 5$$

よって
$$\boldsymbol{BD = \sqrt{5}}$$

また，△ABD において，余弦定理より
$$\boldsymbol{\cos \angle ABD} = \dfrac{AB^2 + BD^2 - AD^2}{2AB \cdot BD}$$
$$= \dfrac{3^2 + \left(\sqrt{5}\right)^2 - 2^2}{2 \cdot 3 \cdot \sqrt{5}}$$
$$= \dfrac{5}{3\sqrt{5}} = \dfrac{\sqrt{5}}{3}$$

△BCD において，余弦定理より
$$\boldsymbol{\cos \angle CBD} = \dfrac{BC^2 + BD^2 - CD^2}{2BC \cdot BD}$$
$$= \dfrac{1^2 + \left(\sqrt{5}\right)^2 - 2^2}{2 \cdot 1 \cdot \sqrt{5}}$$
$$= \dfrac{2}{2\sqrt{5}} = \dfrac{\sqrt{5}}{5}$$

よって，$\cos \angle ABD > \cos \angle CBD$ より
$$\boldsymbol{\angle ABD < \angle CBD} \qquad ⇨ ⓪$$

であるから，四角形 ABCD には，点 C が直線 BD に関して点 A と反対側にあるもののみが存在する。 ⇨ ①

別解

$BD = \sqrt{5}$ を求めたあと
$$BD^2 + DA^2 = \left(\sqrt{5}\right)^2 + 2^2 = 9$$
$$= AB^2$$

であることに気づけば，三平方の定理の逆より △ABD は $\angle BDA$ が $90°$ の直角三角形であるから
$$\cos \angle ABD = \dfrac{BD}{AB} = \dfrac{\sqrt{5}}{3}$$

と求めることができる。

(2) 点 C′ は直線 BD に関して点 C と対称な点であるから
$$BC' = BC = 1$$

よって
$$\boldsymbol{AC'} = AB - BC'$$
$$= \boldsymbol{2}$$

△ABD において，余弦定理より
$$\cos \angle ABD = \dfrac{3^2 + BD^2 - 2^2}{2 \cdot 3 \cdot BD}$$
$$= \dfrac{BD^2 + 5}{6BD}$$

△CBD において，余弦定理より
$$\cos \angle CBD = \dfrac{1^2 + BD^2 - 2^2}{2 \cdot 1 \cdot BD}$$
$$= \dfrac{BD^2 - 3}{2BD}$$

— ④ － 3 —

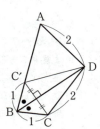

$\angle ABD = \angle CBD$ より
$$\cos\angle ABD = \cos\angle CBD$$
であるから
$$\frac{BD^2+5}{6BD} = \frac{BD^2-3}{2BD}$$
$$BD^2+5 = 3(BD^2-3)$$
$$BD^2 = 7$$
したがって
$$\mathbf{BD} = \sqrt{7}$$
よって，△ABD において，余弦定理より
$$\cos\angle BAD = \frac{AB^2+AD^2-BD^2}{2AB\cdot AD}$$
$$= \frac{3^2+2^2-(\sqrt{7})^2}{2\cdot 3\cdot 2}$$
$$= \frac{1}{2}$$

別解　点 C′ は直線 BD に関して点 C と対称な点であるから
$$C'D = CD = 2$$
である。
よって，△AC′D は 1 辺の長さが 2 の正三角形であるから
$$\cos\angle BAD = \cos 60° = \frac{1}{2}$$
と求めることもできる。

(3)　$BD = x$ とおく。
△ABD において，余弦定理より
$$x^2 = AB^2 + AD^2 - 2AB\cdot AD\cos\angle BAD$$
$$= 3^2+2^2-2\cdot 3\cdot 2\cos\angle BAD$$
$$= 13 - 12\cos\angle BAD$$
△BCD において，三角形の成立条件より
$$x < BC + CD = 3$$
であるから
$$x^2 < 9$$
したがって
$$13 - 12\cos\angle BAD < 9$$
より
$$\cos\angle BAD > \frac{1}{3} \quad\cdots\cdots\cdots ①$$

また，△ABD において，余弦定理より
$$\cos\angle ABD = \frac{3^2+x^2-2^2}{2\cdot 3\cdot x}$$
$$= \frac{x^2+5}{6x}$$
$$\cos\angle CBD = \frac{1^2+x^2-2^2}{2\cdot 1\cdot x}$$
$$= \frac{x^2-3}{2x}$$
四角形 ABCD において，点 C が直線 BD に関して点 A と同じ側にあるものと反対側にあるものの 2 通りが存在するのは
$$\angle ABD > \angle CBD$$
すなわち
$$\cos\angle ABD < \cos\angle CBD$$
となるときであるから
$$\frac{x^2+5}{6x} < \frac{x^2-3}{2x}$$
$$x^2+5 < 3(x^2-3)$$
$$x^2 > 7$$
したがって
$$x > \sqrt{7}$$
よって，BD の長さのとり得る値の範囲は
$$\sqrt{7} < \mathbf{BD} < 3$$
(2)より，$x = \sqrt{7}$ のとき，$\cos\angle BAD = \frac{1}{2}$ であり
$$\cos\angle BAD = \frac{13-x^2}{12}$$
より，x の値が大きくなるにつれて，$\cos\angle BAD$ の値は小さくなる。
したがって
$$\cos\angle BAD < \frac{1}{2} \quad\cdots\cdots\cdots ②$$
よって，①，②より，求める $\cos\angle BAD$ の値の範囲は
$$\frac{1}{3} < \mathbf{\cos\angle BAD} < \frac{1}{2}$$

第2問

〔1〕
(1)　長方形部分は，縦の長さが $2x$ m，横の長さが y m であるから，その面積 S は
$$S = 2xy \quad\cdots\cdots ① \quad\Rightarrow ①$$
また，トラックは，内側が半径 x m の半円二つと長方形を合わせた形で，周の長さが 200 m であるから
$$2\pi x + 2y = 200$$
より

$$y = 100 - \pi x \quad \cdots\cdots \text{②} \quad \Rightarrow \text{③}$$

(2) まず，辺の長さは正であるから

$$x > 0, \quad 100 - \pi x > 0$$

より

$$0 < x < \frac{100}{\pi}$$

長方形の縦の長さについて

$$2x \leqq 40$$

より

$$x \leqq 20$$

長方形部分と二つの半円部分を合わせた横の長さについて

$$2x + y \leqq 90$$
$$2x + (100 - \pi x) \leqq 90$$
$$(\pi - 2)x \geqq 10$$

よって

$$x \geqq \frac{10}{\pi - 2}$$

$0 < \dfrac{10}{\pi - 2} < 20 < \dfrac{100}{\pi}$ であるから，以上より，x のとり得る値の範囲は

$$\frac{10}{\pi - 2} \leqq x \leqq 20 \quad \cdots\cdots\cdots\cdots \text{③}$$

①，②より y を消去すると

$$S = 2x(100 - \pi x)$$
$$= -2\pi\left(x - \frac{50}{\pi}\right)^2 + \frac{5000}{\pi}$$

よって，③の範囲で S が最大となるのは，$x = \dfrac{50}{\pi}$ のときである。

(3) トラックのうち曲線部分の長さの合計は，1周の半分 100 m よりも長くなるようにするから

$$2\pi x > 100$$

より

$$x > \frac{50}{\pi}$$

トラック内側の長方形部分の面積は，その最大値の 96 % よりも大きくなるようにするから

$$2x(100 - \pi x) > \frac{5000}{\pi} \cdot \frac{96}{100}$$
$$(\pi x)^2 - 100\pi x + 2400 < 0$$
$$(\pi x - 40)(\pi x - 60) < 0$$

よって

$$\frac{40}{\pi} < x < \frac{60}{\pi}$$

$\dfrac{10}{\pi - 2} < \dfrac{40}{\pi} < \dfrac{50}{\pi} < \dfrac{60}{\pi} < 20$ より

$$\frac{50}{\pi} < x < \frac{60}{\pi}$$

〔2〕

(1) ⓪ 図1より，盗塁数が最多な大学は，図2より，送りバント数は最少であるから，正しい。

① 図5より，得点が最少な大学は，出塁率が最小ではないので，正しくない。

② 図3より，得点が最多な大学は，打率が最大であるから，正しい。

③ 図4より，得点が 150 点以上の 4 大学はすべて，長打率が 0.36 以上なので，正しい。

④ 図3より，打率が 0.26 以下の 7 大学はすべて，得点が 150 点以下なので，正しい。

⑤ 図1より，盗塁数が 100 以上なのは，2 大学あるが，図6より，どちらも三振率が 0.20 以下なので，正しい。

⑥ 図2より，送りバント数が 130 以上なのは 3 大学あるが，図6より，そのうち 1 大学が三振率が 0.20 より大きいので，正しくない。

よって，読み取れることとして正しくないものは ① と ⑥ である。

(2) ⓪ G 大学は F 大学よりも OPS が高いのに，得点は少ないので，正しくない。

① 図7から OPS が最も高い大学はわかるが，各選手の OPS についてはわからない。

② OPS が最も低いのは K 大学であるが，各選手の OPS については図7からはわからない。

③ 得点が 100 点以下なのは 7 大学あり，すべて OPS は 0.68 以下であるから，正しい。

④ E 大学は OPS が 0.68 以下であるが，得点は 100 点より多いので，正しくない。

よって，読み取れることとして正しいものは ③ である。

(3) 得点，OPS，OPS を 100 倍した値，それぞれを変量 x，y，Y とおく。

各大学の得点を x_A, x_B, $\cdots$, x_K, x_Z とし，OPS を y_A, y_B, $\cdots$, y_K, y_Z とし，OPS を 100 倍した値を Y_A, Y_B, $\cdots$, Y_K, Y_Z とする。

また，x，y，Y について，平均値をそれぞれ $\overline{x}$，$\overline{y}$，$\overline{Y}$，標準偏差をそれぞれ s_x，s_y，s_Y とする。

$Y = 100y$ であるから

$$\overline{Y}$$
$$= \frac{100y_A + 100y_B + \cdots + 100y_K + 100y_Z}{12}$$
$$= 100 \cdot \frac{y_A + y_B + \cdots + y_K + y_Z}{12}$$
$$= 100\overline{y}$$

これより

$$Y - \overline{Y} = 100y - 100\overline{y} = 100\left(y - \overline{y}\right)$$

となるので，x と Y の共分散 s について，x と y の共分散を s_{xy} とすると

$$s = \frac{1}{12}\left\{\left(x_A - \overline{x}\right)\left(Y_A - \overline{Y}\right) + \cdots\right.$$
$$+ \left(x_K - \overline{x}\right)\left(Y_K - \overline{Y}\right)$$
$$\left. + \left(x_Z - \overline{x}\right)\left(Y_Z - \overline{Y}\right)\right\}$$
$$= \frac{1}{12}\left\{100\left(x_A - \overline{x}\right)\left(y_A - \overline{y}\right) + \cdots\right.$$
$$+ 100\left(x_K - \overline{x}\right)\left(y_K - \overline{y}\right)$$
$$\left. + 100\left(x_Z - \overline{x}\right)\left(y_Z - \overline{y}\right)\right\}$$
$$= 100 s_{xy}$$

また

$$s_Y$$
$$= \sqrt{\frac{\left(Y_A - \overline{Y}\right)^2 + \cdots + \left(Y_K - \overline{Y}\right)^2 + \left(Y_Z - \overline{Y}\right)^2}{12}}$$
$$= 100\sqrt{\frac{\left(y_A - \overline{y}\right)^2 + \cdots + \left(y_K - \overline{y}\right)^2 + \left(y_Z - \overline{y}\right)^2}{12}}$$
$$= 100 s_y$$

であるから，x と Y の相関係数 r' は

$$r' = \frac{s}{s_x s_Y} = \frac{100 s_{xy}}{s_x \cdot 100 s_y} = \frac{s_{xy}}{s_x s_y} = r$$

よって

$$\frac{r'}{r} = 1 \qquad\qquad \Rightarrow ②$$

である。

(4) a さん，$\cdots$，i さんの OPS をそれぞれ a, $\cdots$, i とおく。図 8 より

最大値：0.81	第 3 四分位数：0.71
中央値：0.67	第 1 四分位数：0.62
最小値：0.55	

これより

$$a = \mathbf{0.81}, \quad e = \mathbf{0.67}$$

である。また

$$\frac{b + c}{2} = 0.71, \quad \frac{g + h}{2} = 0.62$$

であるから，$c = 0.70$, $h = 0.61$ より

$$b = \mathbf{0.72}, \quad g = \mathbf{0.63}$$

である。

9 人の平均値はちょうど 0.67 であるから，9 人の偏差の和は

$$(0.81 - 0.67) + (0.72 - 0.67)$$
$$+ (0.70 - 0.67) + (d - 0.67)$$
$$+ (0.67 - 0.67) + (0.65 - 0.67)$$
$$+ (0.63 - 0.67) + (0.61 - 0.67)$$
$$+ (0.55 - 0.67)$$

$$= 0.14 + 0.05 + 0.03 + (d - 0.67)$$
$$- 0.02 - 0.04 - 0.06 - 0.12$$
$$= d - 0.69$$

これが 0 になることより

$$d = \mathbf{0.69}$$

である。

よって，次の表のようになる。

選手	d	e	c	a	b
OPS	④	②	0.70	⑧	⑤

f	g	h	i
0.65	⓪	0.61	0.55

第 3 問

(1) くじを引いたあと，引いたくじは箱 A に戻すときを考える。箱 A にはつねに当たりくじが 5 本，はずれくじが 20 本入っているから，くじを 1 本引くとき，当たりくじを引く確率はつねに $\frac{1}{5}$ である。

よって，くじを 2 回引くとき，2 回とも当たりくじを引く確率 p_1 は

$$p_1 = \frac{1}{5} \cdot \frac{1}{5}$$
$$= \frac{1}{25}$$

また，少なくとも 1 回当たりくじを引く事象は，2 回ともはずれくじを引く事象の余事象であるから，その確率 q_1 は

$$q_1 = 1 - \frac{4}{5} \cdot \frac{4}{5}$$
$$= \frac{9}{25}$$

くじを引いたあと，引いたくじは箱 A に戻さないときを考える。1 回目に当たりくじを引くと，2 回目を引く前の箱 A には当たりくじが 4 本，はずれくじが 20 本入っている。よって，2 回とも当たりくじを引く確率 p_2 は

$$p_2 = \frac{1}{5} \cdot \frac{4}{24} \qquad\qquad \cdots\cdots\cdots\cdots ①$$
$$= \frac{1}{30}$$

また，少なくとも 1 回当たりくじを引く事象は，2 回ともはずれくじを引く事象の余事象であるから，その確率 q_2 は

$$q_2 = 1 - \frac{4}{5} \cdot \frac{19}{24} \qquad\qquad \cdots\cdots\cdots\cdots ②$$
$$= \frac{11}{30}$$

くじを引いたあと，引いたくじは箱Bに戻すとき
を考える。当たりくじを引く確率は，箱Bに入って
いる当たりくじの本数によらず $\frac{1}{5}$ であるから

$$p_1 = p_3 \qquad \qquad \Rightarrow ①$$
$$q_1 = q_3 \qquad \qquad \Rightarrow ①$$

くじを引いたあと，引いたくじは箱Bに戻さない
ときを考える。1回目に当たりくじを引くと，2回
目を引く前の箱Bには当たりくじが9本，はずれく
じが40本入っているから，2回とも当たりくじを
引く確率 p_4 は

$$p_4 = \frac{1}{5} \cdot \frac{9}{49} \qquad \cdots\cdots\cdots\cdots\cdots ③$$

ここで，$\frac{4}{24} < \frac{9}{49}$ であるから，①，③より

$$p_2 < p_4 \qquad \qquad \Rightarrow ⓪$$

また，1回目にはずれくじを引くと，2回目を引く
前の箱Bには当たりくじが10本，はずれくじが39
本入っているから，少なくとも1回当たりくじを引
く確率 q_4 は

$$q_4 = 1 - \frac{4}{5} \cdot \frac{39}{49} \qquad \cdots\cdots\cdots\cdots ④$$

ここで，$\frac{19}{24} < \frac{39}{49}$ であるから，②，④より

$$q_2 > q_4 \qquad \qquad \Rightarrow ②$$

(2) 2回とも当たりくじを引く確率は，箱Xでは

$$\frac{1}{5} \cdot \frac{k-1}{5k-1}$$

箱Yでは

$$\frac{1}{5} \cdot \frac{2k-1}{10k-1}$$

ここで

$$\frac{k-1}{5k-1} - \frac{2k-1}{10k-1}$$
$$= -\frac{4k}{(5k-1)(10k-1)} < 0$$

より

$$\frac{k-1}{5k-1} < \frac{2k-1}{10k-1}$$

であるから，k の値によらず，**箱Xよりも箱Yの
方が大きい。** $\qquad \Rightarrow ①$

また，少なくとも1回当たりくじを引く確率は，
箱Xでは

$$1 - \frac{4}{5} \cdot \frac{4k-1}{5k-1}$$

箱Yでは

$$1 - \frac{4}{5} \cdot \frac{8k-1}{10k-1}$$

ここで

$$\frac{4k-1}{5k-1} - \frac{8k-1}{10k-1}$$

$$= -\frac{k}{(5k-1)(10k-1)} < 0$$

より

$$\frac{4k-1}{5k-1} < \frac{8k-1}{10k-1}$$

であるから，k の値によらず，**箱Yよりも箱Xの
方が大きい。** $\qquad \Rightarrow ⓪$

(3) まず

$$X = \frac{1}{5} \cdot \frac{99}{499} \cdot \frac{98}{498} \cdot \cdots \cdot \frac{91}{491}$$

$$Y = \frac{1}{5} \cdot \frac{1}{5} \cdot \frac{1}{5} \cdot \cdots \cdot \frac{1}{5}$$

である。ここで，$l = 1, 2, 3, \cdots, 9$ とし，$\frac{1}{5}$ と
$\frac{100-l}{500-l}$ の大小を比較すると

$$\frac{1}{5} - \frac{100-l}{500-l} = \frac{4l}{5(500-l)} > 0$$

よって

$$\frac{1}{5} > \frac{100-l}{500-l}$$

より

$$X < Y$$

また，くじを引いたあと，引いたくじは箱に戻すと
し，くじを10回引くとき，少なくとも1回当たり
くじを引く確率 Z は

$$1 - \frac{4}{5} \cdot \frac{4}{5} \cdot \frac{4}{5} \cdot \cdots \cdot \frac{4}{5} = 1 - \left(\frac{4}{5}\right)^{10} > q_1$$

一方，Y について

$$\frac{1}{5} \cdot \frac{1}{5} \cdot \frac{1}{5} \cdot \cdots \cdot \frac{1}{5} = \left(\frac{1}{5}\right)^{10} < p_1$$

であり，(1)より $p_1 < q_1$ であるから

$$Y < Z$$

以上より

$$X < Y < Z \qquad \qquad \Rightarrow ⓪$$

第4問

ある命題を証明するのに，その命題が成り立たない
と仮定すると矛盾が導かれることを示し，そのことに
よってもとの命題が成り立つと結論する証明法を**背理
法**という。 $\qquad \Rightarrow ①$

ia と ja を b で割った余りがともに r であると仮
定する。ia と ja を b で割った商をそれぞれ i'，j'
とすると

$$ia = i'b + r \qquad \cdots\cdots\cdots\cdots\cdots\cdots ②$$
$$ja = j'b + r \qquad \cdots\cdots\cdots\cdots\cdots\cdots ③$$

②－③ より

$$(i-j)a = (i'-j')b$$

$i \neq j$ より $i' \neq j'$ であるから，$(i'-j')b$ は b の倍

— ④ － 7 —

数である。よって，$(i-j)a$ は b の倍数となるはずである。　⇨ ⓪

すると，a と b は互いに素であるから $i-j$ が b の倍数となるはずであるが，$-b < i-j < 0$ より矛盾する。したがって，**定理1** は成り立つ。（証明終）

定理1 より，$r_1, r_2, r_3, \cdots, r_{p-1}$ はすべて異なるから，これらをうまく並べ替えると，$1, 2, 3, \cdots, p-1$ となる。つまり

$$r_1 r_2 r_3 \cdots r_{p-1} = 1 \cdot 2 \cdot 3 \cdots (p-1)$$
$$= (p-1)! \quad ⇨ ⓪$$

よって，①より
$$(p-1)! a^{p-1} = Qp + (p-1)!$$
$$(p-1)! a^{p-1} - (p-1)! = Qp$$

ゆえに
$$(p-1)!(a^{p-1} - 1) = Qp$$

であるから，$(p-1)!(a^{p-1}-1)$ は p で割り切れる。　⇨ ⓪

さらに，$(p-1)!$ は p と互いに素であるから，$a^{p-1} - 1$ は p で割り切れる。　⇨ ②

19は素数であり，7 と 19 は互いに素であるから，**定理2** より，$7^{18} - 1$ は 19 で割り切れる。すなわち，7^{18} を 19 で割った余りは **1** である。

7^{18} を 19 で割ったときの商を q とすると
$$7^{18} = 19q + 1$$
であるから，両辺に 7 をかけると
$$7^{19} = 19 \cdot 7q + 7$$
したがって，7^{19} を 19 で割った余りは 7 であり，$7^1 = 7$ を 19 で割った余りと一致する。

よって，ℓ を整数として $\boldsymbol{n = 18\ell}$ のときは，7^n を 19 で割った余りが 1 である。　⇨ ①

7^n を 19 で割った余りが 1 であるような n の最小値を m とする。7^m を 19 で割った余りが 1 であるから，$7^{2m}, 7^{3m}, \cdots$ を 19 で割った余りも 1 である。いま，7^{18} を 19 で割った余りが 1 であるから，m の候補は 18 の約数，すなわち 1, 2, 3, 6, 9, 18 に絞られる。これらについて順に調べていくと
$$7^1 = 7 \text{ を 19 で割った余りは } 7$$
$$7^2 = 49 \text{ を 19 で割った余りは } 11$$
$$7^3 = 343 \text{ を 19 で割った余りは } 1$$
であるから，$m = 3$ であり，7^n を 19 で割った余りが 1 となるのは，n が 3 の倍数のときである。

よって，命題「$n = 18\ell$ と表せるならば，7^n を 19 で割った余りは 1 である」は真であり，命題「7^n を 19 で割った余りが 1 ならば，$n = 18\ell$ と表せる」は偽であるから，$n = 18\ell$ と表せることは，7^n を 19 で割った余りが 1 であることの十分条件であるが，必要条件ではない。　⇨ ①

また，7^n を 19 で割った余り 1 となるような n の値は 3 の倍数であるから
$$n = 3333 \quad ⇨ ②$$

第5問

(1)(i)

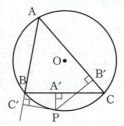

問題の図において，$\angle PA'C = \angle PB'C$ であるから，円周角の定理の逆より，4点 P, A', B', C は同じ円周上にある。　⇨ ①

よって
$$\angle B'A'P = 180° - \angle ACP$$
また，4点 P, A', B, C' は同じ円周上にあるから
$$\angle C'A'P = \angle C'BP = 180° - \angle ABP$$
4点 P, A, B, C は同じ円周上にあるから
$$\angle ABP + \angle ACP = 180°$$
以上より
$$\angle B'A'P + \angle C'A'P$$
$$= (180° - \angle ACP) + (180° - \angle ABP)$$
$$= 360° - (\angle ABP + \angle ACP)$$
$$= \boldsymbol{180°} \quad ⇨ ③$$

(ii) 直線 PA に関して点 C と点 O が反対側にあるとき，(i)と同様に，4点 P, A', C, B' は同じ円周上にあるから
$$\boldsymbol{\angle B'A'P = \angle B'CP = 180° - \angle ACP}$$
$$⇨ ⑤$$
また，4点 P, A', C', B は同じ円周上にあるから
$$\angle C'A'P = 180° - \angle ABP \quad ⇨ ②$$
4点 P, A, B, C は同じ円周上にあるから
$$\angle ABP + \angle ACP = 180°$$
よって
$$\angle B'A'P + \angle C'A'P$$
$$= (180° - \angle ACP) + (180° - \angle ABP)$$
$$= 360° - (\angle ABP + \angle ACP)$$
$$= 180°$$

であるから，3点 A′, B′, C′ は一直線上にある。

(2)

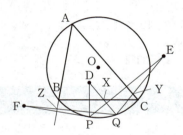

(i) PD, PE, PF はそれぞれ直線 BC, CA, AB と垂直であるから，**点 Q が点 P と一致するときには**，問題の点 Q, X, Y, Z はそれぞれ**定理 A** の点 P, A′, B′, C′ に対応し，**3 点 X, Y, Z は一直線上にあることがいえる**。 ⇨ ②

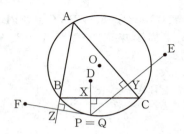

(ii) (i)より，**定理 A は問題の一部である。よって，定理 A が証明できたからといって問題が解決できたことにはならないが，問題が解決できれば，定理 A は証明できたことになる**。 ⇨ ②

(iii) 点 P と点 Q が一致しないときについて，点 Y が辺 CA 上にあり，点 Z が線分 AB の点 B の方の延長上（点 B を除く）にあるときを考える。

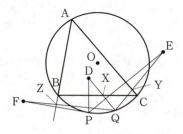

点 P と点 E は直線 CA に関して対称であるから
$$\angle ECA = \angle PCA$$
4 点 P, A, B, C は同じ円周上にあるから，ある内角とその対角の外角は等しい。よって
$$\angle PCA = \angle PBZ$$
点 P と点 F は直線 AB に関して対称であるから

$$\angle PBZ = \angle FBZ$$
よって
$$\angle ECA = \angle ACP = \angle PBZ = \angle FBZ$$
⇨ ③, ②, ①

また，4 点 Q, A, B, C は同じ円周上にあるから，ある内角とその対角の外角は等しい。よって
$$\angle QCA = \angle QBZ$$
より
$$\angle QCE = \angle QCA + \angle ECA$$
$$= \angle QBZ + \angle FBZ$$
$$= \angle FBQ \quad ⇨ ①$$

点 A, B から直線 FQ に下ろした垂線をそれぞれ AG, BH とすると，△AGZ ∽ △BHZ であるから，線分 FQ を底辺とする三角形に着目して
$$\frac{AZ}{ZB} = \frac{AG}{BH} = \frac{\triangle AFQ}{\triangle BFQ} \quad ⇨ ①$$

3 点 X, Y, Z が一直線上にあることを証明しておこう。

（証明）

点 Z が半直線 AB 上，点 Y が辺 CA 上にあり，2 点 P, Q が一致しないときを考える。

上と同様に ∠QAF, ∠QBD と大きさの等しい角を考えると
$$\angle QAF = \angle QCD$$
$$\angle QBD = \angle QAE$$
であり，線分の長さの比を三角形の面積を用いて表すと
$$\frac{BX}{XC} = \frac{\triangle BDQ}{\triangle CDQ}, \quad \frac{CY}{YA} = \frac{\triangle CEQ}{\triangle AEQ}$$
よって
$$\frac{AZ}{ZB} \cdot \frac{BX}{XC} \cdot \frac{CY}{YA}$$
$$= \frac{\triangle AFQ}{\triangle BFQ} \cdot \frac{\triangle BDQ}{\triangle CDQ} \cdot \frac{\triangle CEQ}{\triangle AEQ}$$
$$= \frac{\triangle AFQ}{\triangle CDQ} \cdot \frac{\triangle BDQ}{\triangle AEQ} \cdot \frac{\triangle CEQ}{\triangle BFQ}$$
$$= \frac{AF \cdot AQ}{CD \cdot CQ} \cdot \frac{BD \cdot BQ}{AE \cdot AQ} \cdot \frac{CE \cdot CQ}{BF \cdot BQ}$$
$$= \frac{AP \cdot AQ}{CP \cdot CQ} \cdot \frac{BP \cdot BQ}{AP \cdot AQ} \cdot \frac{CP \cdot CQ}{BP \cdot BQ}$$
$$= 1$$
であるから，**定理 B** より，3 点 X, Y, Z は一直線上にある。2 点 P, Q が一致しない限り，点 Z が半直線 AB 上，点 Y が辺 CA 上にあるとき以外にもこの議論は成り立つ。

また，2 点 P, Q が一致するときは，(i)より，3 点 X, Y, Z は一直線上にある。 （証明終）

研究

定理 **A** は「シムソンの定理」と呼ばれている。また，**問題**はシムソンの定理の拡張を考えたもので，「清宮の定理」と呼ばれている。

模試 第5回
解　答

問題番号(配点)	解答記号	正解	配点	自己採点
第1問 (30)	アイ, ウ	-6, ③	各2	
	$\dfrac{エ - \sqrt{オ}}{カ}$	$\dfrac{3 - \sqrt{5}}{2}$	2	
	$\dfrac{キク + \sqrt{オ}}{カ}$	$\dfrac{-1 + \sqrt{5}}{2}$	1	
	$(a^2 - 3a)^2 - 2(a^2 - 3a) - 3 = $ ケ	$(a^2 - 3a)^2 - 2(a^2 - 3a) - 3 = 0$	3	
	コサ. シ m	96.5 m	2	
	ス	②	2	
	セ	⓪	2	
	∠ACD = ソタ°	∠ACD = 72°	1	
	チ, ツ	⑤, ⑦	各2	
	$\cos 36° - \cos 72° = \dfrac{テ}{ト}$	$\cos 36° - \cos 72° = \dfrac{1}{2}$	2	
	$\theta = $ ナニ°	$\theta = 20°$	2	
	$\dfrac{ヌ}{ネ}$	$\dfrac{1}{2}$	2	
	$\dfrac{ノ}{ハ}$	$\dfrac{1}{2}$	3	
第2問 (30)	ア, イ	②, ③※	各2	
	ウ, エ	③, ②	各2	
	オ	③	2	
	カ	①	2	
	キ	②	3	
	$\sqrt{クケ}$	$\sqrt{10}$	1	
	コ$\sqrt{サ}$	$3\sqrt{3}$	1	
	シ$\sqrt{ス}$	$9\sqrt{2}$	1	
	セ$t^2 - $ ソ$t + $ タチ	$3t^2 - 6t + 18$	3	
	ツ$\sqrt{テト} + $ ナ	$2\sqrt{15} + 6$	3	
	ニ, ヌ, ネ	1, 2, 0	各2	

問題番号 (配点)	解 答 記 号	正 解	配点	自己採点
第3問 (20)	アイ	70	2	
	$\dfrac{ウエ}{オカ}$	$\dfrac{18}{35}$	3	
	$\dfrac{キ}{ク}$	$\dfrac{4}{7}$	3	
	ケ , コ	①, ③※	各2	
	サ	③	3	
	シ	②	2	
	ス	⓪	3	
第4問 (20)	ア	④	2	
	イ	⓪	2	
	ウ 個	3個	3	
	$n=$ エ	$n=2$	2	
	$n=$ オカ	$n=14$	2	
	キ	⑤	3	
	クケ 個	11個	3	
	$n=$ コサ	$n=71$	3	
第5問 (20)	ア	⓪	2	
	イ	③	2	
	ウ	④	2	
	エ	①	2	
	オ	⓪	2	
	カ	④	2	
	キ	⓪	3	
	ク	①	3	
	$\dfrac{EH}{HD}=\dfrac{ケ}{コ}$	$\dfrac{EH}{HD}=\dfrac{2}{3}$	2	

(注) 第1問, 第2問は必答。第3問～第5問のうちから2問選択。計4問を解答。
なお, 上記以外のものについても得点を与えることがある。正解欄に※があるものは, 解答の順序は問わない。

第1問 小計		第2問 小計		第3問 小計		第4問 小計		第5問 小計		合計点	/100

第 1 問

〔1〕

(1) $-6 ≦ -5.5 < -5$ であるから，-5.5 の整数部分は -6 であり，$-5.5 - (-6) = 0.5$ より，小数部分は 0.5 である。　⇨ ③

(2) $α$，$β$ は 2 次方程式 $x^2 - x - 1 = 0$ の 2 解であり，$α < β$ のとき
$$α = \frac{1-\sqrt{5}}{2},\ β = \frac{1+\sqrt{5}}{2}$$
ここで，$2 < \sqrt{5} < 3$ より
$$-2 < 1-\sqrt{5} < -1,\ 3 < 1+\sqrt{5} < 4$$
であるから
$$-1 < \frac{1-\sqrt{5}}{2} < -\frac{1}{2},\ \frac{3}{2} < \frac{1+\sqrt{5}}{2} < 2$$
したがって
$$-1 < α < 0,\ 1 < β < 2$$
より，$α$ の整数部分は -1，$β$ の整数部分は 1 である。

よって，$α$ の小数部分は
$$α - (-1) = \frac{3-\sqrt{5}}{2}$$
$β$ の小数部分は
$$β - 1 = \frac{-1+\sqrt{5}}{2}$$
である。

(3) $a = \dfrac{3-\sqrt{5}}{2}$ のとき
$$2a - 3 = -\sqrt{5}$$
両辺を 2 乗して
$$4a^2 - 12a + 9 = 5$$
$$4a^2 - 12a = -4$$
したがって
$$a^2 - 3a = -1$$
よって
$$(a^2 - 3a)^2 - 2(a^2 - 3a) - 3$$
$$= (-1)^2 - 2 \cdot (-1) - 3$$
$$= \mathbf{0}$$

〔2〕

(1) 地面からベランダの観測点 P までの高さは
$$1.4 + 10 \tan 84° = 1.4 + 10 × 9.5144$$
$$= 1.4 + 95.144 = 96.544$$
$$≒ \mathbf{96.5\ (m)}$$

(2)(i) 観測点 P と東京スカイツリーの水平距離を x m とおくと，観測点 P から先端 A，点 B へ測った仰角がそれぞれ $57°$，$35°$ なので
$$x \tan 57° - x \tan 35° = 634 - 340$$
$$(1.5399 - 0.7002)x = 294$$

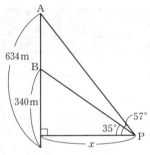

したがって
$$x = \frac{294}{0.8397} = 350.12\cdots$$
よって，小数第 1 位を四捨五入して
$$x ≒ \mathbf{350\ (m)}　⇨ ②$$

(ii) (i)より，$x > 350$，$\tan 35° > 0.7$ であるから
$$x \tan 35° > 350 × 0.7 = 245$$
(1)より，観測点 P の地面からの高さが 96.5 m より高いので，点 B と花子さんが住むマンションが立地する地面の標高差 h_1 と，点 B と東京スカイツリーが立地する地面の標高差 h_2 について，$d = h_1 - h_2$ とおくと
$$d = h_1 - h_2 > (245 + 96.5) - 340 = 1.5$$
よって，東京スカイツリーが立地する地面の標高の方が，花子さんが住むマンションが立地する地面の標高よりも $\mathbf{1\ m}$ 以上高い。　⇨ ⓪

〔3〕

(1)(i) △ABC は BA = BC の二等辺三角形であるから
$$∠ACB = ∠CAB = 36°　\cdots\cdots ①$$
∠DBC は △ABC の頂点 B における外角であるから
$$∠DBC = ∠CAB + ∠ACB = 72°$$
△BCD は CB = CD の二等辺三角形であるから
$$∠BDC = ∠DBC = 72°　\cdots\cdots ②$$
①，②より
$$∠ACD = 180° - ∠CAD - ∠BDC$$
$$= \mathbf{72°}　\cdots\cdots ③$$

(ii) △ABC は二等辺三角形であるから，線分 AC の中点を M とすると
$$∠AMB = 90°$$
よって
$$AC = 2AM = 2AB \cos 36°$$
$$= \mathbf{2\cos 36°}　\cdots\cdots ④　⇨ ⑤$$
また，△BCD は二等辺三角形であるから，線分 BD の中点を N とすると
$$∠BNC = 90°$$

よって
$$BD = 2BN = 2BC\cos 72°$$
$$= 2\cos 72° \quad \cdots\cdots ⑤ \quad \Rightarrow ⑦$$

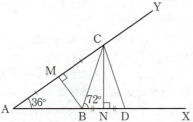

②, ③より, △ACD は AC = AD の二等辺三角形であるから
$$AC - BD = (AB + BD) - BD = AB$$
$$= 1$$
④, ⑤より
$$AC - BD = 2\cos 36° - 2\cos 72°$$
$$= 2(\cos 36° - \cos 72°)$$
したがって
$$2(\cos 36° - \cos 72°) = 1$$
よって
$$\boldsymbol{\cos 36° - \cos 72° = \frac{1}{2}}$$

(2) △ABC, △BCD, △CDE, △DEF はそれぞれ二等辺三角形であることから, (1)と同様に
$$\angle ACB = \angle CAB = \theta$$
$$\angle BDC = \angle DBC = 2\theta$$
$$\angle CED = \angle ECD = 3\theta$$
$$\angle DFE = \angle FDE = 4\theta$$
△AFE は二等辺三角形であるから
$$\angle FEA = \angle EFA = 4\theta$$
であり
$$\angle FEA = \angle FED + \angle DEA$$
$$= \angle FED + 3\theta$$
より
$$\angle FED = 4\theta - 3\theta = \theta$$
△EFD の内角の和は 180° であるから
$$\angle FED + \angle DFE + \angle FDE = 180°$$
$$\theta + 4\theta + 4\theta = 180°$$
よって
$$\boldsymbol{\theta = 20°}$$
ここで, AB = 1 として(1)と同様に
$$AC = 2\cos 20°$$
$$BD = 2\cos 40°$$
$$CE = 2\cos 60°$$
$$DF = 2\cos 80°$$

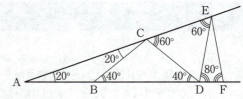

AE = AF より
$$AC + CE = AB + BD + DF$$
$$2\cos 20° + 2\cos 60° = 1 + 2\cos 40° + 2\cos 80°$$
よって
$$\cos 20° - \cos 40° + \cos 60° - \cos 80° = \frac{1}{2}$$

(3) 次の図のように, $\angle XAY = \frac{180°}{7} (= \alpha$ とおく) となる半直線 AX, AY を考え, 半直線 AX 上に点 A に近い方から点 B, D を, 半直線 AY 上に点 A に近い方から点 C, E を AB = BC = CD = DE = 1 となるようにとる。

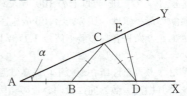

△ABC, △BCD, △CDE が二等辺三角形であることから, (1)と同様に
$$\angle ACB = \angle CAB = \alpha$$
$$\angle BDC = \angle DBC = 2\alpha$$
$$\angle CED = \angle ECD = 3\alpha$$
であり
$$\angle EDA = \angle EDC + \angle CDA$$
$$= (180° - 3\alpha - 3\alpha) + 2\alpha$$
$$= 180° - 4\alpha$$
$$= 3\alpha$$
より, △ADE は AD = AE の二等辺三角形である。
ここで, (1)と同様に
$$AC = 2\cos\alpha, \quad BD = 2\cos 2\alpha,$$
$$CE = 2\cos 3\alpha$$
したがって
$$AC + CE = AB + BD$$
$$2\cos\alpha + 2\cos 3\alpha = 1 + 2\cos 2\alpha$$
より
$$\cos\alpha - \cos 2\alpha + \cos 3\alpha = \frac{1}{2}$$
よって
$$\boldsymbol{\cos\frac{180°}{7} - \cos\frac{360°}{7} + \cos\frac{540°}{7} = \frac{1}{2}}$$

第2問

〔1〕
(1) ⓪ 図1からは，それぞれの県における18歳以上65歳未満の100万人あたり搬送者数と65歳以上の100万人あたり搬送者数の対応は読み取れない。よって，正しくない。
① それぞれの県における18歳以上65歳未満の人口がわからなければ，熱中症による搬送者数はわからない。よって，正しくない。
② 図1より，18歳以上65歳未満の100万人あたり搬送者数の中央値は10人以上である。よって，正しい。
③ 図1より，18歳未満の100万人あたり搬送者数の最大値は，65歳以上の100万人あたり搬送者数の中央値よりも小さい。よって，正しい。
④ 図1より，65歳以上の100万人あたり搬送者数の最小値は，18歳以上65歳未満の100万人あたり搬送者数の最小値の1.1倍よりも大きい。よって，正しくない。　⇨ ②，③

(2) 図2より，県庁所在地の平均最高気温と100万人あたり搬送者数の間には弱い正の相関があることがわかる。
　　よって，相関係数は **0.64** である。　⇨ ③
　図3より，県庁所在地の平均最低湿度と100万人あたり搬送者数の間には相関がないことがわかる。このことと図2を合わせると，県庁所在地の平均最高気温と平均最低湿度の間にも相関はないと考えられる。
　　よって，相関係数は **−0.25** である。　⇨ ②
⓪ 図2より，100万人あたり搬送者数が第3位の県は，県庁所在地の平均最高気温では第3位よりも下位である。よって，正しくない。
① 図2より，県庁所在地の平均最高気温の下位3県には，100万人あたり搬送者数が20人未満の県が含まれる。一方，図3より，県庁所在地の平均最低湿度の下位3県はすべて，100万人あたり搬送者数が20人以上である。よって，正しくない。
② 県庁所在地の平均最低湿度が低い県について，100万人あたり搬送者数が増えていることは読み取れない。よって，正しくない。
③ 図2より，100万人あたり搬送者数が20人未満であるすべての県において，県庁所在地の平均最高気温が26℃未満であることが読み取

れる。よって，正しい。
④ 図3より，100万人あたり搬送者数が60人以上である県のうち，県庁所在地の平均最低湿度が70%以上であるのは1県のみである。よって，正しくない。　⇨ ③

(3) 図2′より，沖縄県と大阪府における100万人あたり搬送者数はそれぞれ約100人，約30人である。図3′においてこれに最も近い値を表す点を選ぶと，**沖縄県はE，大阪府はB**である。　⇨ ①

(4) ⓪ 図2′，図4より，平均最高WBGTの値は平均最高気温の値よりも小さい傾向にあることが読み取れる。よって，正しい。
① 沖縄県における100万人あたり搬送者数は約100人であるから，図4において，沖縄県を表す点は次の図のとおりである。

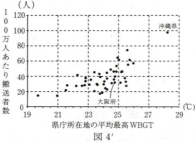

図4′

平均最高WBGTが最も高い県は沖縄県であり，平均最高WBGTが第2位の県の平均最高WBGTは，沖縄県の平均最高WBGTよりも2℃以上低い。よって，正しい。
② 図4より，県庁所在地の平均最高WBGTと100万人あたり搬送者数の間には正の相関がある。また，図3′より，県庁所在地の平均最低湿度と100万人あたり搬送者数の間には相関がない。よって，県庁所在地の平均最高WBGTと平均最低湿度の間にも相関はないと考えられ，正しくない。
③ 図4より，平均最高WBGTが25℃以上である県は少なくとも10県ある。よって，正しい。
　　　　　　　　　　　　　　　　　⇨ ②

〔2〕
　点Pが点Cに到着するのは6秒後であるから，点Qと点Rは6秒間で$6\sqrt{2}$だけ移動する。したがって，点Qと点Rは毎秒$\sqrt{2}$の速さで移動することがわかる。

(1)(i) 4秒後の$\triangle PAB$において，余弦定理より
$$PB^2 = 4^2 + (3\sqrt{2})^2 - 2\cdot 4\cdot 3\sqrt{2}\cos 45°$$
$$= 16 + 18 - 24 = 10$$

PB > 0 より
PB = $\sqrt{10}$

(ii) 3秒後に点 P は対角線 AC の中点にあるから
BP = AP = 3
である。一方，点 Q は毎秒 $\sqrt{2}$ の速さで移動することから，3秒後の BQ の長さは $3\sqrt{2}$ である。直角三角形 PBQ に注目して
PQ = $\sqrt{3^2 + (3\sqrt{2})^2}$ = **$3\sqrt{3}$**

(iii) 3秒後の △PQR は PQ = PR = $3\sqrt{3}$, QR = 6 の二等辺三角形である。点 P から QR へ垂線 PI を下ろすと
PI = $\sqrt{(3\sqrt{3})^2 - 3^2}$
   = $3\sqrt{2}$

したがって，△PQR の面積は

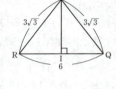

$\frac{1}{2} \cdot 6 \cdot 3\sqrt{2}$ = **$9\sqrt{2}$**

となる。

(2) 点 P は 6秒後に点 C に到着するので，t の値の範囲は
$0 \leq t \leq 6$
である。t 秒後の △PAB において，余弦定理より
$PB^2 = t^2 + (3\sqrt{2})^2 - 2 \cdot t \cdot 3\sqrt{2} \cos 45°$
     $= t^2 - 6t + 18$

次に，BQ = $\sqrt{2}t$ であるから，直角三角形 PBQ に注目して
$PQ^2 = PB^2 + BQ^2$
      $= (t^2 - 6t + 18) + (\sqrt{2}t)^2$
      $= \boldsymbol{3t^2 - 6t + 18}$

(3) △PQR は時刻 t によらず
PQ = PR, QR = 6 (一定)
である。したがって，△PQR の周の長さが最小となるのは，PQ の長さが最小となるときである。
(2)より，$0 \leq t \leq 6$ の範囲において
$PQ^2 = 3t^2 - 6t + 18 = 3(t-1)^2 + 15$
であるから，辺 PQ の長さは $t = 1$ のとき最小値 $\sqrt{15}$ をとる。このとき，△PQR の周の長さも最小であり，その値は
PQ + PR + QR = $\sqrt{15} + \sqrt{15} + 6$
             = **$2\sqrt{15} + 6$**

(4) $f(t) = 3t^2 - 6t + 18$ とおき，$y = f(t)$ のグラフを利用して考える。$0 \leq t \leq 6$ における $y = f(t)$ のグラフは次のようになる。

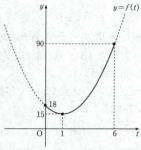

(i) 時刻 t によらず，PQ = PR, QR = 6 であるから，△PQR が正三角形になるのは PQ = 6 となるときである。つまり，$PQ^2 = 36$ より，$f(t) = 36$ となる時刻 t が何回あるかを調べればよい。グラフより，$f(t) = 36$ となる t は 1 回であるから，△PQR が正三角形となる回数は **1** 回である。

(ii) △PQR はつねに二等辺三角形であるから，題意を満たすのは △PQR が ∠QPR = 90° の直角二等辺三角形になるときである。つまり
$PQ = QR \cdot \frac{1}{\sqrt{2}} = 3\sqrt{2}$

となるときである。このとき $PQ^2 = 18$ より，$f(t) = 18$ となる時刻 t が何回あるかを調べればよい。グラフより，$f(t) = 18$ となる t は 2 回であるから，△PQR が直角三角形となる回数は **2** 回である。

(iii) 点 P から QR へ垂線 PI を下ろすと，底辺 QR = 6, 面積が 6 より，高さ PI = 2 である。

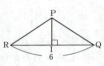

したがって，△PQR の面積が 6 であるとき
$PQ^2 = 2^2 + 3^2 = 13$
となる。つまり，$f(t) = 13$ となる時刻 t が何回あるかを調べればよい。グラフより，$f(t) = 13$ となる t は存在しないから，△PQR の面積が 6 となる回数は **0** 回である。

第3問

図の右方向に隣の地点に進む事象を →，図の下方向に隣の地点に進む事象を ↓ と表す。

(1) 地点 1 から地点 25 まで移動する最短経路の数は，4 個の → と 4 個の ↓ を横一列に並べる並べ方の総数に等しい。よって
$\frac{8!}{4!\,4!}$ = **70** (通り)

(2) 地点 1 から地点 13 まで移動する最短経路は

$$\frac{4!}{2!\,2!} = 6 \,(通り)$$

地点 13 から地点 25 まで移動する最短経路も 6 通りあるから，地点 13 を通る最短経路は

$$6 \cdot 6 \,(通り)$$

よって，地点 1 から地点 25 まで移動する人が地点 13 を通る確率は

$$\frac{6 \cdot 6}{70} = \frac{18}{35}$$

次に，地点 1 から地点 19 まで移動する最短経路は

$$\frac{6!}{3!\,3!} = 20 \,(通り)$$

地点 19 から地点 25 まで移動する最短経路は 2 通りあるから，地点 19 を通る最短経路は

$$20 \cdot 2 \,(通り)$$

よって，地点 1 から地点 25 まで移動する人が地点 19 を通る確率は

$$\frac{20 \cdot 2}{70} = \frac{4}{7}$$

(3)⓪；地点 1 から地点 2 まで移動する最短経路は 1 通りあり，地点 2 から地点 25 まで移動する最短経路は

$$\frac{7!}{3!\,4!} = 35 \,(通り)$$

あるから

$$P(2) = \frac{1 \cdot 35}{70} = \frac{7}{14}$$

一方，地点 1 から地点 10 まで移動する最短経路は

$$\frac{5!}{4!} = 5 \,(通り)$$

あり，地点 10 から地点 25 まで移動する最短経路は 1 通りあるから

$$P(10) = \frac{5 \cdot 1}{70} = \frac{1}{14}$$

よって，正しくない。

①；a 個の→と b 個の↓を横一列に並べる並べ方の総数は，b 個の→と a 個の↓を横一列に並べる並べ方の総数と等しいから，対称性より

$$P(3) = P(11) = P(15) = P(23)$$

よって，正しい。

②；対称性より

$$P(2) = P(6) = P(20) = P(24)$$

よって，正しくない。

③；(2)より

$$P(19) > P(13)$$

また，対称性より

$$P(19) = P(7)$$

よって，正しい。

④；対称性より

$$P(8) = P(12) = P(14) = P(18)$$

よって，正しくない。

⑤；地点 1 から地点 9 まで移動する最短経路は

$$\frac{4!}{3!} = 4 \,(通り)$$

あり，地点 9 から地点 25 まで移動する最短経路も 4 通りあるから

$$P(9) = \frac{4 \cdot 4}{70} = \frac{8}{35}$$

一方

$$P(19) = \frac{4}{7}$$

よって，正しくない。　　　　　　　⇨ ①, ③

(4) (3)より

$$P(19) = P(7) > P(13)$$

また，地点 1 から地点 14 まで移動する最短経路は

$$\frac{5!}{3!\,2!} = 10 \,(通り)$$

あり，地点 14 から地点 25 まで移動する最短経路は

$$\frac{3!}{2!} = 3 \,(通り)$$

あるから

$$P(14) = \frac{10 \cdot 3}{70} = \frac{3}{7} < P(19)$$

地点 1 から地点 15 まで移動する最短経路は

$$\frac{6!}{4!\,2!} = 15 \,(通り)$$

あり，地点 15 から地点 25 まで移動する最短経路は 1 通りあるから

$$P(15) = \frac{15 \cdot 1}{70} = \frac{3}{14} < P(19)$$

また，対称性より

$$P(20) = P(2) = \frac{1}{2} < P(19)$$

以上より，広告の効果が最も高いのは**地点 19** である。　　　　　　　　　　　　　　⇨ ③

(5) 地点 13 を通る最短経路上にあり，地点 18 を通る最短経路上にはない区間を選べばよい。すなわち，**地点 14 と地点 15 の間**が通行止めになると，B 店の広告の効果は変わらない一方で，A 店の広告の効果は小さくなる。　　　　　　　⇨ ②

地点 15 から地点 25 まで移動する最短経路は 1 通りであることに注意して，選択肢の各地点のうち，その地点を通り，かつ地点 14 と地点 15 の間を通る最短経路の数を考える。

地点 1 から地点 7 まで移動する最短経路は 2 通り，地点 7 から地点 14 まで移動する最短経路は

$$\frac{3!}{2!} = 3 \,(通り)$$

あるから，地点 7 を通る最短経路のうち，地点 14

と地点 15 の間を通るものの数は

$$2 \cdot 3 \cdot 1 = 6 \,(通り)$$

地点 1 から地点 13 まで移動する最短経路は 6 通り，地点 13 から地点 14 まで移動する最短経路は 1 通りあるから，地点 13 を通る最短経路のうち，地点 14 と地点 15 の間を通るものの数は

$$6 \cdot 1 = 6 \,(通り)$$

地点 1 から地点 14 まで移動する最短経路は 10 通りあるから，地点 14，地点 20 を通る最短経路のうち，地点 14 と地点 15 の間を通るものの数は

$$10 \,通り$$

また，地点 17 を通る最短経路のうち，地点 14 と地点 15 の間を通るものはない。

(4)より $P(7) > P(13)$，$P(7) > P(14)$，$P(7) > P(20)$ であるから，選択肢の各地点のうち，その地点を通り，かつ地点 14 と地点 15 の間を通らない最短経路の数が最も多くなるのは，地点 7 または地点 17 を選んだときである。

地点 7 を通る最短経路の数は，地点 19 を通る最短経路の数と等しく，(2)より

$$20 \cdot 2 = 40 \,(通り)$$

であるから，地点 14 と地点 15 の間が通行止めになったとき，最短経路は

$$40 - 6 = 34 \,(通り)$$

地点 17 を通る最短経路の数は，地点 9 を通る最短経路の数と等しく，(3)より

$$4 \cdot 4 = 16 \,(通り)$$

以上より，確率が最も高くなるのは**地点 7** に広告を出したときである。　　　　　⇨ ⓪

第4問

(1) 整数 a が整数 b の倍数であることは，**a と b の最大公約数が b である**ことと同値である。　⇨ ④

$$n + 18 = (n + 2) \cdot 1 + 16$$

であるから，ユークリッドの互除法より，$n + 18$ と $n + 2$ の最大公約数は $n + 2$ と 16 の最大公約数と等しい。

$n + 18$ が $n + 2$ の倍数であることは $n + 18$ と $n + 2$ の最大公約数が $n + 2$ であることと同値であるから，$n + 18$ が $n + 2$ の倍数であるとき，$n + 2$ と 16 の最大公約数は $n + 2$ である。

すなわち，$n + 2$ は 16 の**約数**である。　⇨ ⓪

ここで，$n + 18$ が $n + 2$ の倍数となるような n において，$n + 2$ は 16 の約数である。16 の約数は

$$1, \ 2, \ 4, \ 8, \ 16$$

であり，n は正の整数であるから，$n + 2 \geqq 3$ なので，$n + 18$ が $n + 2$ の倍数となるような n は

$$n + 2 = 4, \ 8, \ 16$$

したがって

$$n = 2, \ 6, \ 14$$

よって，$n + 18$ が $n + 2$ の倍数となるような n の値は **3** 個ある。そのうち，最小のものは $\boldsymbol{n = 2}$ であり，最大のものは $\boldsymbol{n = 14}$ である。

(2) n は正の整数であるから，$n + 1 \geqq 2$ である。

太郎さんの構想の(I)について，8 の約数は 1，2，4，8 であるから

$$n + 1 = 2, \ 4, \ 8$$

より

$$n = 1, \ 3, \ 7$$

また，(II)について，9 の約数は 1，3，9 であるから

$$n + 1 = 3, \ 9$$

より

$$n = 2, \ 8$$

(I)，(II)より

$$n = 1, \ 2, \ 3, \ 7, \ 8$$

よって，太郎さんの構想での n の値は 5 個である。

次に，花子さんの構想について，72 の約数は 1，2，3，4，6，8，9，12，18，24，36，72 であるから

$$n + 1 = 2, \ 3, \ 4, \ 6, \ 8, \ 9, \ 12, \ 18, \ 24, \ 36, \ 72$$

より

$$n = 1, \ 2, \ 3, \ 5, \ 7, \ 8, \ 11, \ 17, \ 23, \ 35, \ 71$$

よって，花子さんの構想での n の値の個数は 11 個である。

ここで，太郎さんの構想では，$n + 1$ が $n + 9$，$n + 10$ のどちらかと互いに素である場合のみを考えているが，例えば，$n = 5$ のとき

$$n + 1 = 6, \quad n + 9 = 14, \quad n + 10 = 15$$

のように，$n + 1$ は $n + 9$，$n + 10$ のどちらとも互いに素ではない。

すなわち，太郎さんの構想と花子さんの構想で求められる答えが違うのは，$n + 1$ が **$n + 9$，$n + 10$ のどちらとも互いに素でない**ような n の値があるからである。　　　　　⇨ ⑤

つまり，花子さんの構想で考えた答えが正しく，n を正の整数とするとき，$(n + 9)(n + 10)$ が $n + 1$ の倍数となるような n の値の個数は **11** 個であり，最大のものは $\boldsymbol{n = 71}$ である。

第5問

(1) **定理A**について考える。

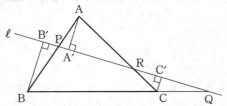

△APA′ ∽ △BPB′ より

$$\frac{AP}{PB} = \frac{AA'}{BB'} \quad \Rightarrow ⓪$$

△BQB′ ∽ △CQC′ より

$$\frac{BQ}{QC} = \frac{BB'}{CC'} \quad \Rightarrow ③$$

△CRC′ ∽ △ARA′ より

$$\frac{CR}{RA} = \frac{CC'}{AA'} \quad \Rightarrow ④$$

次に，**定理B**について考える。

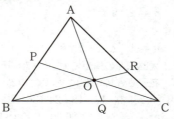

△OAC と △OBC において，辺 OC を底辺とみたときの高さの比に着目すると

$$\frac{AP}{PB} = \frac{\triangle OAC}{\triangle OBC} \quad \Rightarrow ①$$

△OBA と △OCA において，辺 OA を底辺とみたときの高さの比に着目すると

$$\frac{BQ}{QC} = \frac{\triangle OAB}{\triangle OAC} \quad \Rightarrow ⓪$$

△OCB と △OAB において，辺 OB を底辺とみたときの高さの比に着目すると

$$\frac{CR}{RA} = \frac{\triangle OBC}{\triangle OAB} \quad \Rightarrow ④$$

(2) 図1について，点 A, B, C から直線 ℓ に下ろした垂線と直線 ℓ の交点をそれぞれ A′, B′, C′ とする。

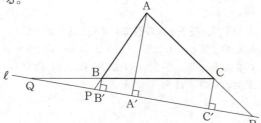

このとき，**定理A**について考えたときと同様に

$$\frac{AP}{PB} = \frac{AA'}{BB'}$$

$$\frac{BQ}{QC} = \frac{BB'}{CC'}$$

$$\frac{CR}{RA} = \frac{CC'}{AA'}$$

が成り立つから，図1においても (∗) は成り立つ。
よって，(a)は正しい。

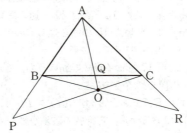

図2について，**定理B**について考えたときと同様に

$$\frac{AP}{PB} = \frac{\triangle OAC}{\triangle OBC}$$

$$\frac{BQ}{QC} = \frac{\triangle OAB}{\triangle OAC}$$

$$\frac{CR}{RA} = \frac{\triangle OBC}{\triangle OAB}$$

が成り立つから，図2においても (∗) は成り立つ。
よって，(b)も正しい。 $\Rightarrow ⓪$

(3) **命題X**について，点 A, B, C, D から直線 ℓ に下ろした垂線と直線 ℓ の交点をそれぞれ A′, B′, C′, D′ とする。

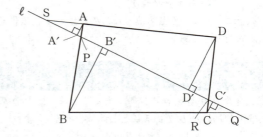

△APA′ ∽ △BPB′ より

$$\frac{AP}{PB} = \frac{AA'}{BB'}$$

△BQB′ ∽ △CQC′ より

$$\frac{BQ}{QC} = \frac{BB'}{CC'}$$

△CRC′ ∽ △DRD′ より

$$\frac{CR}{RD} = \frac{CC'}{DD'}$$

△DSD′ ∽ △ASA′ より

$$\frac{DS}{SA} = \frac{DD'}{AA'}$$

よって
$$\frac{AP}{PB} \cdot \frac{BQ}{QC} \cdot \frac{CR}{RD} \cdot \frac{DS}{SA}$$
$$= \frac{AA'}{BB'} \cdot \frac{BB'}{CC'} \cdot \frac{CC'}{DD'} \cdot \frac{DD'}{AA'}$$
$$= 1$$
より，命題 X は真である。

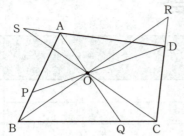

命題 Y の図において
$$\frac{AP}{PB} > 1, \quad \frac{BQ}{QC} > 1,$$
$$\frac{CR}{RD} > 1, \quad \frac{DS}{SA} > 1$$
より
$$\frac{AP}{PB} \cdot \frac{BQ}{QC} \cdot \frac{CR}{RD} \cdot \frac{DS}{SA} > 1$$
であるから，命題 Y は偽である。　⇨ ①

研究
　定理 B について考えたときと同様に，△OAD と △OBD において，辺 OD を底辺とみたときの高さの比に着目すると
$$\frac{AP}{PB} = \frac{\triangle OAD}{\triangle OBD}$$
△OBA と △OCA において，辺 OA を底辺とみたときの高さの比に着目すると
$$\frac{BQ}{QC} = \frac{\triangle OBA}{\triangle OCA}$$
△OCB と △ODB において，辺 OB を底辺とみたときの高さの比に着目すると
$$\frac{CR}{RD} = \frac{\triangle OCB}{\triangle ODB}$$
△ODC と △OAC において，辺 OC を底辺とみたときの高さの比に着目すると
$$\frac{DS}{SA} = \frac{\triangle ODC}{\triangle OAC}$$
これらより積を計算しようとしても
$$\frac{AP}{PB} \cdot \frac{BQ}{QC} \cdot \frac{CR}{RD} \cdot \frac{DS}{SA}$$
$$= \frac{\triangle OAD}{\triangle OBD} \cdot \frac{\triangle OBA}{\triangle OCA} \cdot \frac{\triangle OCB}{\triangle ODB} \cdot \frac{\triangle ODC}{\triangle OAC}$$
となり，定理 B について考えたときのようにうまく分母と分子を打ち消し合って計算を進めることはできない。

(4)
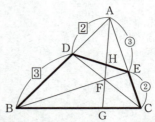

四角形 DBCE と直線 AG において，命題 X を用いると
$$\frac{DA}{AB} \cdot \frac{BG}{GC} \cdot \frac{CA}{AE} \cdot \frac{EH}{HD} = 1 \quad \cdots ①$$
AD：DB ＝ 2：3，AE：EC ＝ 3：2 より
$$\frac{DA}{AB} = \frac{AD}{AD + DB} = \frac{2}{2+3} = \frac{2}{5}$$
$$\frac{CA}{AE} = \frac{AE + EC}{AE} = \frac{3+2}{3} = \frac{5}{3}$$
また，△ABC において，定理 B（チェバの定理）より
$$\frac{AD}{DB} \cdot \frac{BG}{GC} \cdot \frac{CE}{EA} = 1$$
$$\frac{2}{3} \cdot \frac{BG}{GC} \cdot \frac{2}{3} = 1$$
したがって
$$\frac{BG}{GC} = \frac{3}{2} \cdot \frac{3}{2} = \frac{9}{4}$$
これらを①に代入して
$$\frac{2}{5} \cdot \frac{9}{4} \cdot \frac{5}{3} \cdot \frac{EH}{HD} = 1$$
よって
$$\frac{EH}{HD} = \frac{5}{2} \cdot \frac{4}{9} \cdot \frac{3}{5} = \frac{2}{3}$$
である。

2023 本試
解　答

問題番号(配点)	解答記号	正解	配点	自己採点
第1問(30)	アイ	-8	2	
	ウエ	-4	1	
	オ $+$ カ $\sqrt{3}$	$2 + 2\sqrt{3}$	2	
	キ $+$ ク $\sqrt{3}$	$4 + 4\sqrt{3}$	2	
	ケ $+$ コ $\sqrt{3}$	$7 + 3\sqrt{3}$	3	
	$\sin \angle ACB =$ サ	$\sin \angle ACB =$ ⓪	3	
	$\cos \angle ACB =$ シ	$\cos \angle ACB =$ ⑦	3	
	$\tan \angle OAD =$ ス	$\tan \angle OAD =$ ④	2	
	セソ	27	2	
	$\cos \angle QPR = \dfrac{タ}{チ}$	$\cos \angle QPR = \dfrac{5}{6}$	2	
	ツ $\sqrt{テト}$	$6\sqrt{11}$	3	
	ナ	⑥	2	
	ニヌ $\left(\sqrt{ネノ} + \sqrt{ハ} \right)$	$10\left(\sqrt{11} + \sqrt{2} \right)$	3	
第2問(30)	ア	②	2	
	イ	⑤	2	
	ウ	①	2	
	エ	②	3	
	オ	②	3	
	カ	⑦	3	
	$y = ax^2 -$ キ $ax +$ ク	$y = ax^2 - 4ax + 3$	3	
	$-$ ケ $a +$ コ	$-4a + 3$	3	
	サ	②	3	
	$y = -\dfrac{シ \sqrt{ス}}{セソ}\left(x^2 -$ キ $x \right) +$ ク	$y = -\dfrac{5\sqrt{3}}{57}\left(x^2 - 4x \right) + 3$	3	
	タ , チ	⓪ , ⓪	3	

問題番号(配点)	解答記号	正解	配点	自己採点
第3問(20)	アイウ 通り	320 通り	3	
	エオ 通り	60 通り	3	
	カキ 通り	32 通り	3	
	クケ 通り	30 通り	3	
	コ	②	3	
	サシス 通り	260 通り	2	
	セソタチ 通り	1020 通り	3	
第4問(20)	アイ	11	2	
	ウエオカ	2310	3	
	キク	22	3	
	ケコサシ	1848	3	
	スセソ	770	2	
	タチ	33	2	
	ツテトナ	2310	2	
	ニヌネノ	6930	3	
第5問(20)	∠OEH = アイ°	∠OEH = 90°	2	
	4 点 C, G, H, ウ	4 点 C, G, H, ③	2	
	∠CHG = エ	∠CHG = ④	3	
	エ = オ	∠FOG = ③	3	
	4 点 C, G, H, カ	4 点 C, G, H, ②	2	
	∠PTS = キ	∠PTS = ③	3	
	$\dfrac{ク\sqrt{ケ}}{コ}$	$\dfrac{3\sqrt{6}}{2}$	3	
	RT = サ	RT = 7	2	

（注）第1問，第2問は必答。第3問〜第5問のうちから2問選択。計4問を解答。
なお，上記以外のものについても得点を与えることがある。正解欄に※があるものは，解答の順序は問わない。

第1問小計		第2問小計		第3問小計		第4問小計		第5問小計		合計点	/100

第1問

〔1〕
$$|x+6| \leq 2 \quad \cdots\cdots (*)$$
(*) の絶対値をはずすと
$$-2 \leq x+6 \leq 2$$
よって
$$\boldsymbol{-8 \leq x \leq -4}$$

a, b, c, d が実数のとき $(1-\sqrt{3})(a-b)(c-d)$ も実数である。不等式
$$|(1-\sqrt{3})(a-b)(c-d)+6| \leq 2$$
は，(*) において $x=(1-\sqrt{3})(a-b)(c-d)$ としたものであるから
$$-8 \leq (1-\sqrt{3})(a-b)(c-d) \leq -4$$
$1-\sqrt{3} < 0$ より
$$\frac{-8}{1-\sqrt{3}} \geq (a-b)(c-d) \geq \frac{-4}{1-\sqrt{3}}$$
$$\frac{4}{\sqrt{3}-1} \leq (a-b)(c-d) \leq \frac{8}{\sqrt{3}-1}$$
$$\frac{4(\sqrt{3}+1)}{(\sqrt{3}-1)(\sqrt{3}+1)} \leq (a-b)(c-d)$$
$$\leq \frac{8(\sqrt{3}+1)}{(\sqrt{3}-1)(\sqrt{3}+1)}$$
$$\boldsymbol{2+2\sqrt{3} \leq (a-b)(c-d) \leq 4+4\sqrt{3}}$$
である。特に
$$(a-b)(c-d) = 4+4\sqrt{3} \quad \cdots\cdots ①$$
であるとき，さらに
$$(a-c)(b-d) = -3+\sqrt{3} \quad \cdots\cdots ②$$
が成り立つならば，①，②の左辺をそれぞれ展開して
$$ac-ad-bc+bd = 4+4\sqrt{3} \quad \cdots\cdots ①'$$
$$ab-ad-bc+cd = -3+\sqrt{3} \quad \cdots ②'$$
ここで，③の左辺を展開すると
$$(a-d)(c-b) = ac-ab-cd+bd$$
となるので，①' − ②' より
$$ac-ab-cd+bd = 7+3\sqrt{3}$$
よって
$$\boldsymbol{(a-d)(c-b) = 7+3\sqrt{3}}$$

〔2〕
(1)

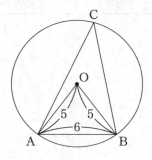

(i) △ABC の外接円は円 O であり，その半径は 5 であるから，△ABC において，正弦定理より
$$\frac{AB}{\sin \angle ACB} = 2 \cdot 5$$
AB = 6 より
$$\boldsymbol{\sin \angle ACB = \frac{6}{2 \cdot 5} = \frac{3}{5}} \quad \cdots\cdots ①$$
⇨ ⓪

点 C が円 O の円周上のどこにあっても，AB，OA の値は変わらないため，①は ∠ACB が鋭角，鈍角のどちらであっても成り立つ。

よって，∠ACB が鈍角のとき，cos∠ACB < 0 より
$$\boldsymbol{\cos \angle ACB} = -\sqrt{1-\sin^2 \angle ACB}$$
$$= -\sqrt{1-\left(\frac{3}{5}\right)^2}$$
$$= \boldsymbol{-\frac{4}{5}} \quad \Rightarrow ⑦$$

(ii) △ABC の面積が最大となるのは，底辺 AB = 6 に対して，高さ CD が最大となるように点 C をとるときである。すなわち，次の図のように線分 CD が中心 O を通るときである。

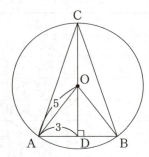

このとき，点 D は辺 AB の中点であるから，AD = 3 である。したがって，△OAD は ∠ODA = 90° の直角三角形であるから，三平方の定理より
$$OD = \sqrt{OA^2 - AD^2} = \sqrt{5^2 - 3^2} = 4$$
よって
$$\boldsymbol{\tan \angle OAD = \frac{OD}{AD} = \frac{4}{3}} \quad \Rightarrow ④$$
また，△ABC の面積は
$$\frac{1}{2} \cdot AB \cdot CD = \frac{1}{2} \cdot AB \cdot (OC+OD)$$
$$= \frac{1}{2} \cdot 6 \cdot (5+4)$$
$$= \boldsymbol{27}$$

(2) まず，平面 α 上の △PQR について考える。

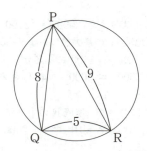

△PQR において，余弦定理より
$$\cos \angle QPR = \frac{PQ^2 + PR^2 - QR^2}{2 \cdot PQ \cdot PR}$$
$$= \frac{8^2 + 9^2 - 5^2}{2 \cdot 8 \cdot 9} = \frac{5}{6}$$

また，$\sin \angle QPR > 0$ であるから
$$\sin \angle QPR = \sqrt{1 - \cos^2 \angle QPR}$$
$$= \sqrt{1 - \left(\frac{5}{6}\right)^2} = \frac{\sqrt{11}}{6}$$

よって，△PQR の面積は
$$\frac{1}{2} \cdot PQ \cdot PR \cdot \sin \angle QPR$$
$$= \frac{1}{2} \cdot 8 \cdot 9 \cdot \frac{\sqrt{11}}{6} = 6\sqrt{11}$$

次に，三角錐 TPQR の体積が最大となるのは，底面の △PQR に対して，高さ TH が最大となるように点 T をとるとき，すなわち，次の図のように線分 TH が球の中心 S を通るときである。

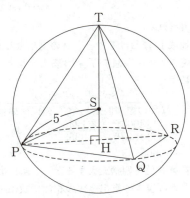

このとき，平面 α は直線 SH に垂直な平面となる。したがって，△PQR の外接円の中心が点 H となるから
$$PH = QH = RH \qquad \Rightarrow ⑥$$

また，PH, QH, RH は △PQR の外接円の半径であるから，△PQR において，正弦定理より
$$\frac{QR}{\sin \angle QPR} = 2PH$$
よって
$$PH = \frac{1}{2} \cdot \frac{QR}{\sin \angle QPR}$$
$$= \frac{1}{2} \cdot \frac{5}{\frac{\sqrt{11}}{6}} = \frac{15}{\sqrt{11}}$$

直角三角形 SPH において，三平方の定理より
$$SH = \sqrt{SP^2 - PH^2}$$
$$= \sqrt{5^2 - \left(\frac{15}{\sqrt{11}}\right)^2}$$
$$= \sqrt{5^2\left(1 - \frac{3^2}{11}\right)}$$
$$= 5\sqrt{\frac{2}{11}} = \frac{5\sqrt{22}}{11}$$

したがって，三角錐 TPQR の体積は
$$\frac{1}{3} \cdot \triangle PQR \cdot TH$$
$$= \frac{1}{3} \cdot \triangle PQR \cdot (TS + SH)$$
$$= \frac{1}{3} \cdot 6\sqrt{11} \cdot \left(5 + \frac{5\sqrt{22}}{11}\right)$$
$$= 10\sqrt{11} + 10\sqrt{2}$$
$$= 10(\sqrt{11} + \sqrt{2})$$

別解

PH, QH, RH の長さについては，次のように考えることもできる。

SP, SQ, SR は，球 S の半径で互いに等しく，辺 SH は共通である。よって，直角三角形の斜辺と他の一辺が等しいから
$$\triangle SPH \equiv \triangle SQH \equiv \triangle SRH$$
これより，PH = QH = RH である。

第2問

〔1〕

(1) 52 市のデータを小さい順に並べたとき

```
  ┌─13─┬─13─┬─13─┬─13─┐
  ① … ⑬⑭ … ㉖㉗ … ㊴㊵ … 52
         ↑      ↑      ↑
      第1四分位数 中央値 第3四分位数
```

- 中央値は，26 番目と 27 番目のデータの平均
- 第 1 四分位数は，13 番目と 14 番目のデータの平均
- 第 3 四分位数は，39 番目と 40 番目のデータの平均

である。

ここで，図 1 のヒストグラムを度数分布表に整理すると，次のようになる。

階級	1000〜1400	1400〜1800	1800〜2200	2200〜2600	2600〜3000	3000〜3400	3400〜3800	3800〜4200	4200〜4600	4600〜5000
度数	2	7	11	7	10	8	5	0	1	1
累積度数	2	9	20	27	37	45	50	50	51	52

よって

- 第1四分位数が含まれる階級は，**1800以上2200未満** である。 ⇨ ②
- 第3四分位数が含まれる階級は，**3000以上3400未満** である。 ⇨ ⑤
- 四分位範囲は

最大で $3400 - 1800 = 1600$

最小で $3000 - 2200 = 800$

より，**800より大きく1600より小さい**。

⇨ ①

である。

(2) 地域 E の 19 個のデータを小さい順に並べたとき

```
   ┌─4─┐ ┌─4─┐  ┌─4─┐  ┌─4─┐
①…④⑤⑥…⑨⑩⑪…⑭⑮⑯…⑲
   第1四分位数  中央値  第3四分位数
```

- 中央値は，10番目のデータ
- 第1四分位数は，5番目のデータ
- 第3四分位数は，15番目のデータ

である。

地域 W の 33 個のデータを小さい順に並べたとき

```
   ┌──8──┐  ┌──8──┐  ┌──8──┐  ┌──8──┐
①…⑧⑨…⑯⑰⑱…㉕㉖…㉝
   第1四分位数  中央値  第3四分位数
```

- 中央値は，17番目のデータ
- 第1四分位数は，8番目と9番目のデータの平均
- 第3四分位数は，25番目と26番目のデータの平均

である。

(i) 図2および図3から読み取れることとして，各選択肢について考察する。

⓪ について，地域 E の第1四分位数は 2000 よりも大きく，これは小さい方から5番目のデータであるため，正しくない。

① について，地域 E の最大値はおよそ 3700 であり，最小値はおよそ 1200 であるから，そ

の範囲はおよそ 2500（＝ 3700 − 1200）である。地域 W の最大値はおよそ 5000 であり，最小値はおよそ 1400 であるから，その範囲はおよそ 3600（＝ 5000 − 1400）である。したがって，正しくない。

② について，地域 E の中央値は 2400 以下であり，地域 W の中央値は 2600 以上であるから，正しい。

③ について，地域 E の中央値は 2600 より小さいため，2600 未満の地域の割合は 0.5 より大きい。地域 W の中央値は 2600 より大きいため，2600 未満の地域の割合は 0.5 より小さい。したがって，正しくない。

以上より，正しいものは ② である。

(ii) 分散の定義は，「偏差の2乗」の平均であるから，偏差の**2乗を合計して地域 E の市の数で割った値**である。 ⇨ ②

研究

データ $x_1, x_2, \cdots, x_n$ の平均を $\overline{x}$ とすると，それぞれの偏差，すなわち平均との差は

$$x_1 - \overline{x}, \ x_2 - \overline{x}, \ \cdots, \ x_n - \overline{x}$$

と表され，分散は

$$s^2 = \frac{1}{n}\{(x_1 - \overline{x})^2 + (x_2 - \overline{x})^2 + \cdots + (x_n - \overline{x})^2\}$$

と表される。

(3) 地域 E におけるやきとりの支出金額を S，かば焼きの支出金額を T とすると，S と T の相関係数は

$$\frac{(S \text{と} T \text{の共分散})}{(S \text{の標準偏差}) \times (T \text{の標準偏差})}$$

$$= \frac{124000}{590 \times 570} = \frac{1240}{3363}$$

$$= 0.368 \cdots$$

小数第3位を四捨五入すると，やきとりの支出金額とかば焼きの支出金額の相関係数は **0.37** である。 ⇨ ⑦

〔2〕

(1) 放物線 C_1 の方程式を

$$y = ax^2 + bx + c \quad \cdots\cdots\cdots\cdots ①$$

とおくと，①は点 $\text{P}_0(0, \ 3)$，$\text{M}(4, \ 3)$ を通るから

$$3 = c, \ 3 = 16a + 4b + c$$

したがって

$$b = -4a, \ c = 3$$

①に代入して

― 2023本 - 5 ―

$$y = ax^2 - 4ax + 3$$
これを平方完成すると
$$y = a(x-2)^2 - 4a + 3 \quad \cdots\cdots \text{②}$$
となるから，放物線 C_1 の頂点は 点 $(2, -4a+3)$ である。仮定よりプロ選手の「シュートの高さ」は C_1 の頂点の y 座標のことであるから
$$-4a + 3$$
放物線 C_2 の方程式は
$$y = p\left\{x - \left(2 - \frac{1}{8p}\right)\right\}^2 - \frac{(16p-1)^2}{64p} + 2$$
より，頂点は点 $\left(2 - \frac{1}{8p}, -\frac{(16p-1)^2}{64p} + 2\right)$ である。よって，「ボールが最も高くなるときの地上の位置」は，それぞれ C_1, C_2 の頂点の x 座標であるから

　　プロ選手：2

　　花子さん：$2 - \dfrac{1}{8p}$

となる。仮定より，C_2 の頂点の x 座標は 4 よりも小さく，C_2 は上に凸の放物線であるから，$p < 0$ より $-\dfrac{1}{8p} > 0$ であり
$$2 < 2 - \frac{1}{8p} < 4$$
よって，花子さんの「ボールが最も高くなるときの地上の位置」の方が，つねに M の x 座標に近い。
　　　　　　　　　　　　　　　　⇨ ②

別解
　放物線 C_1 は $P_0(0, 3)$, $M(4, 3)$ を通るので，放物線の対称性より C_1 の頂点の x 座標は 2 であることがわかる。よって，C_1 の方程式は実数 d を用いて
$$y = a(x-2)^2 + d$$
と表される。C_1 は $(0, 3)$ を通るので
$$3 = 4a + d$$
$$d = -4a + 3$$
となることから
$$y = ax^2 - 4ax + 3$$
を求めることができる。

(2)

$AD = \dfrac{\sqrt{3}}{15}$ より，点 D の座標は $\left(3.8, 3 + \dfrac{\sqrt{3}}{15}\right)$ であるから，放物線 C_1 が点 D を通るとき，②より
$$3 + \frac{\sqrt{3}}{15} = a \cdot (3.8 - 2)^2 - 4a + 3$$
$$\frac{\sqrt{3}}{15} = a \cdot \left(\frac{9}{5}\right)^2 - 4a$$
$$-\frac{19}{25}a = \frac{\sqrt{3}}{15}$$
$$a = -\frac{5\sqrt{3}}{57}$$
C_1 の方程式は
$$y = ax^2 - 4ax + 3$$
$$= a(x^2 - 4x) + 3$$
であるから
$$y = -\frac{5\sqrt{3}}{57}(x^2 - 4x) + 3$$
となる。よって，プロ選手の「シュートの高さ」は
$$-4a + 3 = -4 \cdot \left(-\frac{5\sqrt{3}}{57}\right) + 3$$
$$= \frac{20\sqrt{3}}{57} + 3$$
$$\fallingdotseq \frac{20 \times 1.73}{57} + 3$$
$$\fallingdotseq 3.6$$
である。花子さんの「シュートの高さ」が約 3.4 であるから，**プロ選手**の「シュートの高さ」の方が大きい。　　　　　　　　　　⇨ ⓪

また，その差は約 0.2 であるから，ボール**約 1 個分**である。　　　　　　　　　　　　⇨ ⓪

第3問

(1)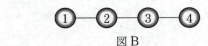
図 B

図 B において，球 1 の塗り方は 5 通りあり，それ以外の色で球 2 を塗るから，球 2 の塗り方は 4 通りである。同様にして，球 3，球 4 の塗り方もそれぞれ 4 通りであるから
$$5 \times 4 \times 4 \times 4 = \boxed{320} \text{（通り）}$$

(2)
図 C

図Cにおいて，球1の塗り方は5通りあり，球2の塗り方は4通りある。球3は球1，球2の色以外の色で塗るので，その塗り方は3通りあるから

$$5 \times 4 \times 3 = 60 \text{（通り）}$$

(3)

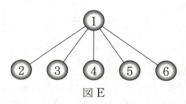

図D

図Dにおいて，赤をちょうど2回使う場合
- 球1と球3を赤で塗る
- 球2と球4を赤で塗る

の2通りの塗り方がある。どちらの場合でも，赤で塗らなかった球は，赤以外の4色からそれぞれ1色選んで塗ればよいから

$$2 \times 4 \times 4 = 32 \text{（通り）}$$

(4)

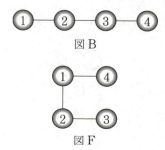

図E

図Eにおいて，赤をちょうど3回使い，かつ青をちょうど2回使う場合，ひもでつながれた球の色は異なるから，全ての球とひもでつながれた球1には赤と青を塗ることができない。よって，球1の塗り方は赤，青以外の3通りある。あとは，球2〜球6のうち三つを赤で塗り，残った二つを青で塗ればよい。赤で塗る球の選び方は

$$_5C_3 = \frac{5 \cdot 4 \cdot 3}{3 \cdot 2 \cdot 1} = 10 \text{（通り）}$$

であるから，塗り方の総数は

$$3 \times 10 = 30 \text{（通り）}$$

(5) 図Fにおいて，塗り方の総数は図Bと同じになるため，320通りである。

①②③④

図B

①④
②③

図F

そのうち，球3と球4が同色になる塗り方は
「球3と球4が同色であり，球1と球2がそれぞれ球3（球4）と異なる色で，かつ球1と球2が異なる色」
であればよい。

よって，その塗り方の総数は，球1，球2，球3が同色でない場合の数であり，塗り方の総数が一致する図は，球1と球2，球2と球3，球3と球1がそれぞれひもでつながれたものである。 ⇨ ②

図C

したがって，球3と球4が同色になる塗り方は，図Cと同様であるから，(2)より60通りである。

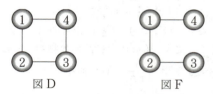

図D　　　図F

図Dの塗り方の総数は，図Fの塗り方の総数から球3と球4が同色になる場合を除いたものであるから

$$320 - 60 = 260 \text{（通り）}$$

(6) (5)と同様に，図Gの塗り方の総数を，球4と球5のつながりを無くした図Hと比較して考える。

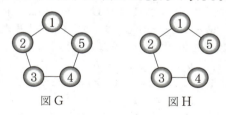

図G　　　図H

図Hにおける塗り方の総数は，五つの球が一直線につながれていると考えればよいから，(1)と同様に考えて

$$5 \times 4 \times 4 \times 4 \times 4 = 1280 \text{（通り）}$$

このうち，球4と球5が同色の場合の塗り方の総数は，(5)と同様に考えると，図Dの塗り方の総数と等しく，その総数は260通りである。

よって，求める図Gの塗り方の総数は

$$1280 - 260 = 1020 \text{（通り）}$$

第4問

(1) 462 と 110 をそれぞれ素因数分解すると
$$462 = 2 \cdot 3 \quad \cdot 7 \cdot 11$$
$$110 = 2 \quad \cdot 5 \quad \cdot 11$$
であるから，両方を割り切る素数のうち最大のものは **11** である。

　赤い長方形を並べて作ることができる正方形の一辺の長さは，462 と 110 の公倍数である。よって，辺の長さが最小となるときの辺の長さは 462 と 110 の最小公倍数であるから
$$2 \cdot 3 \cdot 5 \cdot 7 \cdot 11 = \mathbf{2310}$$
　赤い長方形を並べて正方形ではない長方形を作るとき，赤い長方形を横に m 枚，縦に n 枚並べると，次の図のようになる。

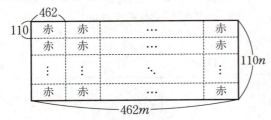

　横の長さと縦の長さの差の絶対値は
$$|462m - 110n| = 22|21m - 5n|$$
$$\cdots\cdots\cdots\cdots\cdots\cdots ①$$
である。正方形でないことから $21m - 5n \neq 0$ であり，m, n は自然数であるから，①が最小となるのは $|21m - 5n| = 1$ の場合が考えられる。

　このとき，$m = 1$, $n = 4$ とすると
$$21m - 5n = 21 \cdot 1 - 5 \cdot 4 = 1$$
であるから，①の最小値は
$$|462m - 110n| = 22 \cdot 1 = \mathbf{22}$$
　縦の長さが横の長さより 22 だけ長いとき
$$110n - 462m = 22$$
両辺を 22 で割って
$$5n - 21m = 1 \quad\cdots\cdots\cdots\cdots ②$$
ここで，$21 \cdot 1 - 5 \cdot 4 = 1$ より
$$5 \cdot (-4) - 21 \cdot (-1) = 1 \quad\cdots\cdots ③$$
② - ③ より
$$5(n+4) = 21(m+1) \quad\cdots\cdots\cdots ④$$
5 と 21 は互いに素であるから，$m + 1$ は 5 の倍数である。よって，ℓ を整数とすると
$$m + 1 = 5\ell$$
と表すことができる。このとき
$$m = 5\ell - 1$$

であるから，これを④に代入して
$$5(n + 4) = 21 \cdot 5\ell$$
$$n = 21\ell - 4$$
　よって，自然数 m, n について，横の長さ $462m$ が最小となるのは，$\ell = 1$ のときである。このとき
$$m = 4, \quad n = 17$$
であり，長方形の横の長さは
$$462m = 462 \cdot 4 = \mathbf{1848}$$

(2) 赤い長方形を並べてできる長方形の縦の長さと，青い長方形を並べてできる長方形の縦の長さが等しいとき，縦の長さは 110 と 154 の公倍数となる。
　110 と 154 を素因数分解すると
$$110 = 2 \cdot 5 \cdot \quad 11$$
$$154 = 2 \cdot \quad 7 \cdot 11$$
より，110 と 154 の最小公倍数は
$$2 \cdot 5 \cdot 7 \cdot 11 = 770 \quad\cdots\cdots\cdots ⑤$$
であるから，縦の長さの最小値は **770** であり，図 2 のような長方形は縦の長さが 770 の倍数である。

　462 と 363 を素因数分解すると
$$462 = 2 \cdot 3 \cdot 7 \cdot 11$$
$$363 = \quad 3 \cdot \quad 11 \cdot 11$$
より，462 と 363 の最大公約数は
$$3 \cdot 11 = \mathbf{33} \quad\cdots\cdots\cdots\cdots\cdots ⑥$$
であり，33 の倍数のうちで 770 の倍数でもある最小の正の整数，すなわち，33 と 770 の最小公倍数は，⑤，⑥より
$$2 \cdot 3 \cdot 5 \cdot 7 \cdot 11 = \mathbf{2310}$$
　したがって，図 2 のような正方形の横の長さは，2310 の倍数である。このとき，赤い長方形を m' 枚，青い長方形を n' 枚，横に並べると，次の図のようになる。

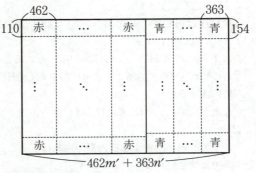

k を自然数とすると
$$462m' + 363n' = 2310k$$
$$2 \cdot 3 \cdot 7 \cdot 11 m' + 3 \cdot 11 \cdot 11 n'$$
$$= 2 \cdot 3 \cdot 5 \cdot 7 \cdot 11 k$$

であるから，両辺を $3 \cdot 11$ で割って
$$2 \cdot 7 m' + 11 n' = 2 \cdot 5 \cdot 7 k$$
これを満たす自然数 k, m', n' を考えると
$$11 n' = 2 \cdot 7 (5k - m')$$
11 と $2 \cdot 7$ は互いに素であるから，$5k - m'$ は 11 の倍数である。k, m', n' は自然数であり，$k = 1, 2$ のとき，条件を満たす自然数 m' は存在しない。$k = 3$ のとき，$m' = 4$ とすれば，$5k - m' = 11$ となる。

よって，図 2 のような正方形のうち，辺の長さが最小となるのは $k = 3$ のときで，そのときの一辺の長さは
$$2310 \times 3 = \mathbf{6930}$$

第 5 問

(1) 手順 1 に従って図をかくと，次のようになる。

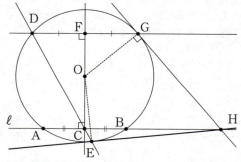

直線 EH が円 O の接線であることを証明するには，OE と EH が垂直に交わる，すなわち
$$\angle \mathrm{OEH} = \mathbf{90°}$$
であることを示せばよい。

円の弦の垂直二等分線は，その円の中心を通るので
$$\angle \mathrm{OCH} = 90°$$
直線 GH は円 O の接線であるから，OG⊥GH より
$$\angle \mathrm{OGH} = 90°$$
これより，$\angle \mathrm{OCH} + \angle \mathrm{OGH} = 180°$ となるから，対角の和が $180°$ であることより，四角形 OCHG は円に内接する。

したがって，4 点 C, G, H, O は同一円周上にある。　　　　　　　　　　　⇨ ③

よって，円に内接する四角形の内角は，その対角の外角と等しいから
$$\angle \mathrm{CHG} = \angle \mathrm{FOG} \qquad ⇨ ④$$
OF⊥DG, DF = FG, OF は共通より，2 組の辺とその間の角がそれぞれ等しいので
$$\triangle \mathrm{ODF} \equiv \triangle \mathrm{OGF}$$

よって
$$\angle \mathrm{FOG} = \angle \mathrm{FOD} = \frac{1}{2} \times \angle \mathrm{DOG}$$
………………①

また，弧 DG に対する円周角と中心角の関係より
$$\angle \mathrm{DEG} = \frac{1}{2} \times \angle \mathrm{DOG} \qquad ………② $$
①，② より
$$\boldsymbol{\angle \mathrm{FOG} = \angle \mathrm{DEG}} \qquad ⇨ ③$$

以上より，$\angle \mathrm{CHG} = \angle \mathrm{DEG}$，すなわち
$$\angle \mathrm{CHG} = \angle \mathrm{CEG}$$
が成り立つから，円周角の定理の逆より，4 点 C, G, H, E は同一円周上にある。　⇨ ②

この円も，4 点 C, G, H, O を通る円も $\triangle \mathrm{CGH}$ の外接円である。よって，この円は点 O を通るので，弧 OH に対する円周角より
$$\angle \mathrm{OEH} = \angle \mathrm{OCH} = 90°$$
を示すことができる。

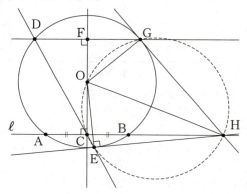

(2) 手順 2 に従って図をかくと，次のようになる。

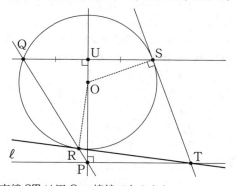

直線 ST は円 O の接線であるから
$$\angle \mathrm{OST} = 90°$$
OP⊥ℓ より $\angle \mathrm{OPT} = 90°$ で，$\angle \mathrm{OST} + \angle \mathrm{OPT} = 180°$ となるから，対角の和が $180°$ であることより，四角形 OPTS は円に内接する。

円に内接する四角形の内角は，その対角の外角と

等しいから，線分 SQ の中点を U とすると
$$\angle PTS = \angle UOS \quad \cdots\cdots\cdots ③$$
また，QU = SU，UO は共通より，2 組の辺とその間の角がそれぞれ等しいので
$$\triangle OUQ \equiv \triangle OUS$$
であるから
$$\angle UOS = \angle UOQ = \frac{1}{2} \times \angle SOQ$$
さらに，弧 SQ に対する円周角と中心角の関係より
$$\angle QRS = \frac{1}{2} \times \angle SOQ$$
$$= \angle UOS \quad \cdots\cdots\cdots ④$$
③，④ より
$$\angle PTS = \angle QRS \quad \Rightarrow\ ③$$

したがって，四角形 RPTS において，一つの内角とその対角の外角が等しいから，四角形 RPTS は円に内接する。このとき，四角形 OPTS も円に内接するから，3 点 P，T，S を通る円周上に点 O，R もあることがわかる。すなわち，5 点 O，R，P，T，S は同一円周上にある。

この 5 点を通る円を O′ とおく。

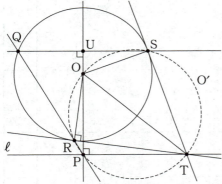

円 O の半径が $\sqrt{5}$，OT $= 3\sqrt{6}$ のとき，$\angle OPT = 90°$ より，円 O′ の直径が OT となるから，円 O′ の半径 r は
$$r = \frac{OT}{2} = \frac{3\sqrt{6}}{2}$$
円 O′ において，半円の弧に対する円周角であるから
$$\angle ORT = 90°$$
したがって，直角三角形 ORT において，三平方の定理より
$$OR^2 + RT^2 = OT^2$$
であり，OR は円 O の半径なので
$$RT = \sqrt{OT^2 - OR^2}$$
$$= \sqrt{(3\sqrt{6})^2 - (\sqrt{5})^2}$$
$$= 7$$

2023 追試

解 答

問題番号 (配点)	解 答 記 号	正 解	配点	自己採点
第1問 (30)	$x > \dfrac{k - \boxed{\text{ア}}}{\boxed{\text{イ}}}$, $x < \dfrac{\boxed{\text{ウエ}} + \sqrt{5}}{\boxed{\text{オ}}}k$	$x > \dfrac{k-1}{3}$, $x < \dfrac{-1+\sqrt{5}}{4}k$	各2	
	$k < \boxed{\text{カ}} + \boxed{\text{キ}}\sqrt{5}$	$k < 7 + 3\sqrt{5}$	3	
	$k < \boxed{\text{クケ}} - \boxed{\text{コ}}\sqrt{5}$	$k < -8 - 4\sqrt{5}$	3	
	$\cos\angle\mathrm{ABC} = \pm\dfrac{\boxed{\text{サ}}}{\boxed{\text{シ}}}$	$\cos\angle\mathrm{ABC} = \pm\dfrac{1}{4}$	2	
	$\mathrm{AC} = \boxed{\text{ス}}\,\mathrm{AB}$	$\mathrm{AC} = 2\mathrm{AB}$	3	
	$\mathrm{AB} = \dfrac{\boxed{\text{セ}}}{\boxed{\text{ソ}}}$	$\mathrm{AB} = \dfrac{2}{3}$	3	
	$\cos\angle\mathrm{ABC} = \dfrac{\boxed{\text{タ}} - \boxed{\text{チ}}\,\mathrm{AB}^2}{2\mathrm{AB}}$	$\cos\angle\mathrm{ABC} = \dfrac{1 - 3\mathrm{AB}^2}{2\mathrm{AB}}$	3	
	$S^2 = -\dfrac{\boxed{\text{ツ}}}{\boxed{\text{テト}}}x^2 + \dfrac{\boxed{\text{ナ}}}{\boxed{\text{ニ}}}x - \dfrac{1}{16}$	$S^2 = -\dfrac{9}{16}x^2 + \dfrac{5}{8}x - \dfrac{1}{16}$	3	
	$x = \dfrac{\boxed{\text{ヌ}}}{\boxed{\text{ネ}}}$, $\mathrm{AB} = \dfrac{\sqrt{\boxed{\text{ノ}}}}{\boxed{\text{ハ}}}$	$x = \dfrac{5}{9}$, $\mathrm{AB} = \dfrac{\sqrt{5}}{3}$	3	
	$\angle\mathrm{ABC}$ は $\boxed{\text{ヒ}}$ で，$\angle\mathrm{ACB}$ は $\boxed{\text{フ}}$	$\angle\mathrm{ABC}$ は ② で，$\angle\mathrm{ACB}$ は ⓪	3	
第2問 (30)	$b = \boxed{\text{アイウ}}$	$b = -14$	3	
	x の $\boxed{\text{エ}}$ 次式，x の $\boxed{\text{オ}}$ 次式	x の 3 次式，x の 1 次式	1	
	$z = -\boxed{\text{カ}}x^2 + \boxed{\text{キクケコ}}x - 97800$	$z = -4x^2 + 1480x - 97800$	2	
	$p = \boxed{\text{サシス}}$	$p = 185$	3	
	$\boxed{\text{セ}}$, $\boxed{\text{ソ}}$	③ , ④ ※	各2	
	$\boxed{\text{タ}}$	②	2	
	$\boxed{\text{チ}}$, $\boxed{\text{ツ}}$	⓪ , ③	2	
	$\boxed{\text{テ}}\left(1 - \dfrac{m}{n}\right)^2 + \boxed{\text{ト}}\left(0 - \dfrac{m}{n}\right)^2$	$①\left(1 - \dfrac{m}{n}\right)^2 + ②\left(1 - \dfrac{m}{n}\right)^2$	2	
	$\boxed{\text{ナ}}$	②	2	
	$\boxed{\text{ニ}}$	③	2	
	$\boxed{\text{ヌ}}$	⓪	3	
	$\boxed{\text{ネ}}$	②	2	
	$\boxed{\text{ノ}}$	③	2	

— 2023 追 - 1 —

問題番号 (配点)	解答記号	正解	配点	自己採点
第3問 (20)	ア 通り, イ 通り, ウ 通り	1通り, 3通り, 2通り	各1	
	$\dfrac{エ}{オ}$	$\dfrac{3}{8}$	3	
	$\dfrac{カ}{キ}$	$\dfrac{1}{4}$	3	
	$\dfrac{ク}{ケ}$	$\dfrac{2}{3}$	2	
	コ 回	3回	1	
	$\dfrac{サシ}{スセソ}$	$\dfrac{28}{729}$	2	
	$\dfrac{タチ}{ツテトナ}$	$\dfrac{32}{2187}$	3	
	$\dfrac{ニ}{ヌ}$	$\dfrac{3}{4}$	3	
第4問 (20)	アイ $y+$ ウエ $z=3$	$26y+51z=3$	2	
	$y=$ オ $, z=$ カキ	$y=6, z=-3$	2	
	$y=$ オ $-$ クケ $k, z=$ カキ $+$ コサ k	$y=6-51k, z=-3+26k$	2	
	$\dfrac{シ\,k+2}{7}$	$\dfrac{4k+2}{7}$	2	
	ス	3	2	
	セ , ソ	7, 4	3	
	タ または チ	0 または 2	3	
	ツテ , ト または ナニ	15, 3 または 13	4	
第5問 (20)	ア : イ	3 : 4	2	
	AQ = ウ	AQ = 2	2	
	BC = エ	BC = 7	3	
	オ	②	3	
	カキ : ク	15 : 8	2	
	ケコ : サ	20 : 3	2	
	$\dfrac{\triangle\text{CQR の面積}}{\triangle\text{BPR の面積}}=\dfrac{シス}{セ}$	$\dfrac{\triangle\text{CQR の面積}}{\triangle\text{BPR の面積}}=\dfrac{32}{9}$	3	
	ソ : タ	5 : 3	3	

(注) 第1問, 第2問は必答。第3問～第5問のうちから2問選択。計4問を解答。
　　　なお, 上記以外のものについても得点を与えることがある。正解欄に※があるものは, 解答の順序は問わない。

| 第1問
小計 | | 第2問
小計 | | 第3問
小計 | | 第4問
小計 | | 第5問
小計 | | 合計点 | /100 |

第1問

〔1〕
$$\sqrt{5}x < k-x < 2x+1 \quad \cdots\cdots\cdots ①$$

(1) 不等式 $k-x < 2x+1$ を解くと
$$-3x < 1-k$$
$$\boldsymbol{x > \dfrac{k-1}{3}} \quad \cdots\cdots\cdots (*)$$

であり，不等式 $\sqrt{5}x < k-x$ を解くと
$$(\sqrt{5}+1)x < k$$
$\sqrt{5}+1 > 0$ より，両辺を $\sqrt{5}+1$ で割ると
$$x < \dfrac{k}{\sqrt{5}+1}$$
ここで
$$\dfrac{k}{\sqrt{5}+1} = \dfrac{k(\sqrt{5}-1)}{(\sqrt{5}+1)(\sqrt{5}-1)}$$
$$= \dfrac{k(\sqrt{5}-1)}{4}$$
よって
$$\boldsymbol{x < \dfrac{-1+\sqrt{5}}{4}k} \quad \cdots\cdots\cdots (**)$$

不等式①の解は，$(*)$ と $(**)$ の共通部分であるから，不等式①を満たす x が存在するのは，$(*)$ と $(**)$ の共通部分が存在するときである。

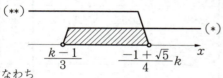

すなわち
$$\dfrac{k-1}{3} < \dfrac{-1+\sqrt{5}}{4}k$$
$$4(k-1) < 3(-1+\sqrt{5})k$$
$$(7-3\sqrt{5})k < 4$$
$3\sqrt{5} = \sqrt{45}$, $7 = \sqrt{49}$ より $7-3\sqrt{5} > 0$ であるから，両辺を $7-3\sqrt{5}$ で割ると
$$k < \dfrac{4}{7-3\sqrt{5}}$$
ここで
$$\dfrac{4}{7-3\sqrt{5}} = \dfrac{4(7+3\sqrt{5})}{(7-3\sqrt{5})(7+3\sqrt{5})}$$
$$= \dfrac{4(7+3\sqrt{5})}{49-45}$$
$$= 7+3\sqrt{5}$$
よって
$$\boldsymbol{k < 7+3\sqrt{5}} \quad \cdots\cdots\cdots ②$$

(2) ②が成り立つとき，不等式①を満たす x の値の範囲は，$(*)$, $(**)$ より
$$\dfrac{k-1}{3} < x < \dfrac{-1+\sqrt{5}}{4}k$$

したがって，その範囲の幅は
$$\dfrac{-1+\sqrt{5}}{4}k - \dfrac{k-1}{3}$$
$$= \dfrac{3(-1+\sqrt{5})k - 4(k-1)}{12}$$
$$= \dfrac{(3\sqrt{5}-7)k+4}{12}$$
これが $\dfrac{\sqrt{5}}{3}$ より大きくなるとき
$$\dfrac{(3\sqrt{5}-7)k+4}{12} > \dfrac{\sqrt{5}}{3}$$
$$(3\sqrt{5}-7)k > 4\sqrt{5}-4$$
$3\sqrt{5}-7 < 0$ より，両辺を $3\sqrt{5}-7$ で割ると
$$k < \dfrac{4\sqrt{5}-4}{3\sqrt{5}-7}$$
ここで
$$\dfrac{4\sqrt{5}-4}{3\sqrt{5}-7} = \dfrac{(4\sqrt{5}-4)(3\sqrt{5}+7)}{(3\sqrt{5}-7)(3\sqrt{5}+7)}$$
$$= \dfrac{32+16\sqrt{5}}{45-49}$$
$$= -8-4\sqrt{5}$$
よって
$$\boldsymbol{k < -8-4\sqrt{5}}$$

〔2〕
(1) $\sin^2\angle ABC + \cos^2\angle ABC = 1$ であるから，$\sin\angle ABC = \dfrac{\sqrt{15}}{4}$ のとき
$$\boldsymbol{\cos\angle ABC} = \pm\sqrt{1-\sin^2\angle ABC}$$
$$= \pm\sqrt{1-\left(\dfrac{\sqrt{15}}{4}\right)^2}$$
$$= \pm\sqrt{\dfrac{1}{16}}$$
$$= \pm\dfrac{\boldsymbol{1}}{\boldsymbol{4}}$$

(2) $\sin\angle ABC = \dfrac{\sqrt{15}}{4}$, $\sin\angle ACB = \dfrac{\sqrt{15}}{8}$ であるとする。

(i) △ABC において，正弦定理より
$$\dfrac{AC}{\sin\angle ABC} = \dfrac{AB}{\sin\angle ACB}$$
$$AC\sin\angle ACB = AB\sin\angle ABC$$
$$\dfrac{\sqrt{15}}{8}AC = \dfrac{\sqrt{15}}{4}AB$$
よって
$$\boldsymbol{AC = 2AB}$$

別解

三角比の定義から求めてもよい。△ABC において，点 A から直線 BC に向かって引いた垂線と直線 BC との交点を H とする。

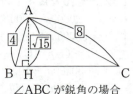

∠ABC が鋭角の場合

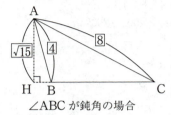

∠ABC が鈍角の場合

このとき,$\sin\angle ABC = \dfrac{\sqrt{15}}{4}$ より

$\dfrac{AH}{AB} = \dfrac{\sqrt{15}}{4}$

$AB = \dfrac{4}{\sqrt{15}}AH$

また,$\sin\angle ACB = \dfrac{\sqrt{15}}{8}$ より

$\dfrac{AH}{AC} = \dfrac{\sqrt{15}}{8}$

$AC = \dfrac{8}{\sqrt{15}}AH = 2 \cdot \dfrac{4}{\sqrt{15}}AH = 2AB$

(ii) 条件を満たす △ABC は,(1)より

$\cos\angle ABC = \dfrac{1}{4}$

または $\cos\angle ABC = -\dfrac{1}{4}$

となる三角形である。

△ABC において,余弦定理より

$AC^2 = AB^2 + BC^2 - 2AB \cdot BC \cos\angle ABC$

$\cos\angle ABC = \dfrac{1}{4}$ のとき

$(2AB)^2 = AB^2 + 1^2 - 2AB \cdot 1 \cdot \dfrac{1}{4}$

$6AB^2 + AB - 2 = 0$

$(3AB + 2)(2AB - 1) = 0$

$AB > 0$ より

$AB = \dfrac{1}{2}$

$\cos\angle ABC = -\dfrac{1}{4}$ のとき

$(2AB)^2 = AB^2 + 1^2 - 2AB \cdot 1 \cdot \left(-\dfrac{1}{4}\right)$

$6AB^2 - AB - 2 = 0$

$(3AB - 2)(2AB + 1) = 0$

$AB > 0$ より

$AB = \dfrac{2}{3}$

ここで,△ABC の面積を S とすると

$S = \dfrac{1}{2}AB \cdot BC \cdot \sin\angle ABC$

$= \dfrac{1}{2} \cdot AB \cdot 1 \cdot \dfrac{\sqrt{15}}{4} = \dfrac{\sqrt{15}}{8}AB$

より,AB が大きい方が S も大きくなる。よって,面積が大きい方の △ABC においては

$\mathbf{AB} = \dfrac{\mathbf{2}}{\mathbf{3}}$

研究

条件を満たす △ABC において,

$\cos\angle ABC = \dfrac{1}{4}$ のとき ∠ABC は鋭角であり,$\cos\angle ABC = -\dfrac{1}{4}$ のとき ∠ABC は鈍角である。BC = 1 であることに注意すると,∠ABC が鋭角,鈍角のときの △ABC は次の図のようになる。

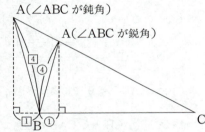

このことから,面積が大きい方の △ABC は,∠ABC が鈍角,つまり $\cos\angle ABC = -\dfrac{1}{4}$ のときのものであることがわかる。

(3) $\sin\angle ABC = 2\sin\angle ACB$ のとき,(2)と同様にして,正弦定理より AC = 2AB が成り立つ。BC = 1 であるから,△ABC において,余弦定理より

$\cos\angle ABC = \dfrac{AB^2 + BC^2 - AC^2}{2AB \cdot BC}$

$= \dfrac{AB^2 + 1^2 - (2AB)^2}{2AB \cdot 1}$

$= \dfrac{\mathbf{1 - 3AB^2}}{\mathbf{2AB}}$

ここで

$S^2 = \left(\dfrac{1}{2}AB \cdot BC \cdot \sin\angle ABC\right)^2$

$= \dfrac{1}{4}AB^2 \cdot 1 \cdot (1 - \cos^2\angle ABC)$

$= \dfrac{1}{4}AB^2\left\{1 - \left(\dfrac{1 - 3AB^2}{2AB}\right)^2\right\}$

$= \dfrac{1}{4}AB^2 \cdot \dfrac{4AB^2 - (1 - 6AB^2 + 9AB^4)}{4AB^2}$

$= \dfrac{1}{16}(-9AB^4 + 10AB^2 - 1)$

$AB^2 = x$ とおくと

$$S^2 = \frac{1}{16}(-9x^2 + 10x - 1)$$
$$= -\frac{9}{16}\boldsymbol{x^2} + \frac{5}{8}\boldsymbol{x} - \frac{1}{16}$$

この式を平方完成すると

$$S^2 = -\frac{9}{16}\left(x^2 - \frac{10}{9}x\right) - \frac{1}{16}$$
$$= -\frac{9}{16}\left\{\left(x - \frac{5}{9}\right)^2 - \left(\frac{5}{9}\right)^2\right\} - \frac{1}{16}$$
$$= -\frac{9}{16}\left(x - \frac{5}{9}\right)^2 + \frac{9}{16} \cdot \left(\frac{5}{9}\right)^2 - \frac{1}{16}$$

$x = AB^2 > 0$ より，S^2 が最大となるのは，

$\boldsymbol{x = \dfrac{5}{9}}$ のときであり，$AB > 0$ より

$$\boldsymbol{AB} = \sqrt{x} = \sqrt{\frac{5}{9}} = \frac{\sqrt{5}}{3}$$

のときである。$S > 0$ より，このときに面積 S も最大となる。

また，このとき

$$\cos\angle ABC = \frac{1 - 3\left(\frac{\sqrt{5}}{3}\right)^2}{2 \cdot \frac{\sqrt{5}}{3}} = -\frac{1}{\sqrt{5}}$$

より $\cos\angle ABC < 0$ であるから，$\angle ABC$ は**鈍角**である。　　　　　　　　⇨ ②

よって，$\angle ACB$ と $\angle CAB$ は**鋭角**である。
　　　　　　　　　　　　　　　　　⇨ ⓪

別解

辺と角の大きさの関係を用いて考えてもよい。

$AC = 2AB = \dfrac{2\sqrt{5}}{3}$，$BC = 1$ であるから，

$\dfrac{2\sqrt{5}}{3} > 1 > \dfrac{\sqrt{5}}{3}$ より，$\triangle ABC$ における最大の辺は AC である。したがって，最大の角は $\angle ABC$ である。ここで

$$AC^2 = \left(\frac{2\sqrt{5}}{3}\right)^2 = \frac{20}{9}$$
$$AB^2 + BC^2 = \left(\frac{\sqrt{5}}{3}\right)^2 + 1^2 = \frac{14}{9}$$

であるから，$AC^2 > AB^2 + BC^2$ より，$\angle ABC$ は鈍角であり，$\angle ACB$ と $\angle CAB$ は鋭角である。

第2問

〔1〕

2 次関数

$$y = ax^2 + bx + c \quad \cdots\cdots\cdots①$$

のグラフが，3 点 $(100, 1250)$，$(200, 450)$，$(300, 50)$ を通るとき

$$\begin{cases} 1250 = 10000a + 100b + c & \cdots\cdots(A) \\ 450 = 40000a + 200b + c & \cdots\cdots(B) \\ 50 = 90000a + 300b + c & \cdots\cdots\cdots(C) \end{cases}$$

が成り立つ。(A)$-$(B)，(C)$-$(B) より

$$800 = -30000a - 100b \quad \cdots\cdots\cdots(D)$$
$$-400 = 50000a + 100b \quad \cdots\cdots\cdots(E)$$

(D)$+$(E) より

$$400 = 20000a$$
$$a = \frac{1}{50}$$

(D) より

$$\boldsymbol{b} = -300a - 8$$
$$= -300 \cdot \frac{1}{50} - 8$$
$$= \boldsymbol{-14}$$

次に，売り上げ数を $f(x)$ とすると，利益は

$$(x - 80)f(x) - 5000$$

すなわち

$$xf(x) - 80f(x) - 5000$$

となり，この式の次数は，最高次の項 $xf(x)$ の次数となる。

売り上げ数を①の右辺，つまり $f(x) = ax^2 + bx + c$ とすると

$$xf(x) = x(ax^2 + bx + c)$$
$$= ax^3 + bx^2 + cx$$

より，最高次の項の次数は 3 になるから，利益は x の **3** 次式となる。一方で，利益が x の 2 次式となるのは，$(x - 80)f(x)$ が 2 次式となるときだから，$f(x)$ が **1** 次式のときである。

1 次関数

$$y = -4x + 1160 \quad \cdots\cdots\cdots\cdots②$$

を考える。$f(x)$ を②の右辺としたときの利益 z は

$$\boldsymbol{z} = (x - 80)(-4x + 1160) - 5000$$
$$= \boldsymbol{-4x^2 + 1480x - 97800}$$

この式を平方完成すると

$$z = -4(x^2 - 370x) - 97800$$
$$= -4\{(x - 185)^2 - 185^2\} - 97800$$
$$= -4(x - 185)^2 + 4 \cdot 185^2 - 97800$$
$$= -4(x - 185)^2 + 39100$$

よって，z が最大となる x を p とおくと，$\boldsymbol{p = 185}$ であり，z の最大値は 39100 である。$\cdots\cdots$ (*)

1 次関数

$$y = -8x + 1968 \quad \cdots\cdots\cdots\cdots③$$

を考える。$f(x)$ を③の右辺としたときの利益は $x = 163$ のときに最大となり，最大値は 50112 となる。$\cdots\cdots\cdots\cdots\cdots\cdots\cdots\cdots\cdots\cdots$ (**)

— 2023 追 - 5 —

$f(x)$ を①の右辺とする。$100 \leqq x \leqq 300$ を満たすすべての x の値に対して、図3より、①のグラフは③のグラフよりも上側にあるので

$$f(x) > -8x + 1968$$

$100 \leqq x \leqq 300$ のとき、$x - 80 > 0$ であるから

$$(x - 80)f(x) > (x - 80)(-8x + 1968)$$

よって、$x = 163$ としたときの利益を z_1 とすると、(**) より

$$z_1 = (163 - 80)f(163) - 5000 > 50112$$

となるので、**$x = 163$ とすれば、利益は少なくとも 50112 以上となる。** ⇨ ③

②のグラフについても同様に考える。$100 \leqq x \leqq 300$ を満たすすべての x の値に対して、図3より、①のグラフは②のグラフよりも上側にあるので

$$f(x) > -4x + 1160$$

$100 \leqq x \leqq 300$ のとき、$x - 80 > 0$ であるから

$$(x - 80)f(x) > (x - 80)(-4x + 1160)$$

よって、$x = p = 185$ としたときの利益を z_2 とすると、(*) より

$$z_2 = (185 - 80)f(185) - 5000 > 39100$$

となるので、**$x = p$ とすれば、利益は少なくとも 39100 以上となる。** ⇨ ④

1次関数

$$y = -6x + 1860 \quad \cdots\cdots\cdots\cdots ④$$

を考える。$100 \leqq x \leqq 300$ において、$f(x)$ を④の右辺としたときの利益は $x = 195$ のとき最大となり、最大値は 74350 となる。

$f(x)$ を①の右辺としたときの利益の最大値を M とする。前問の考察より

$$M \geqq z_1 > 50112$$

であるから、M は 50112 より大きい。

また、$100 \leqq x \leqq 300$ を満たすすべての x の値に対して、図4より、①のグラフは④のグラフよりも下側にあるので

$$f(x) < -6x + 1860$$

$100 \leqq x \leqq 300$ のとき、$x - 80 > 0$ であるから

$$(x - 80)f(x) < (x - 80)(-6x + 1860)$$

よって、$100 \leqq x \leqq 300$ である x について

$$(x - 80)f(x) - 5000 < 74350$$

が成り立つので、M は 74350 より小さい。

以上より、利益の最大値 M は **50112 より大きく 74350 より小さい。** ⇨ ②

研究

図4では、$x = 100$、300 で①のグラフと④のグラフが交わっているようにもみえるが、$f(x)$ を①

の右辺とすると

$$f(100) = 1250, \quad f(300) = 50$$

であり、それぞれ④の右辺に $x = 100$、300 を代入した値よりも小さいことから、$100 \leqq x \leqq 300$ を満たすすべての x の値に対して、①のグラフは④のグラフよりも下側にあることがわかる。

〔2〕

(1) 賛成ならば1、反対ならば0であるから、$x_1 + x_2 + \cdots + x_n$ は、賛成の人の数だけ1を足した数になる。よって、**データの値の総和は、賛成の人の数に一致する。** ⇨ ⓪

したがって、平均値 $\overline{x} = \dfrac{x_1 + x_2 + \cdots + x_n}{n}$ は、**n 人中における賛成の人の割合である。** ⇨ ③

(2) $m = x_1 + x_2 + \cdots + x_n$ とおくと、(1)より、m は賛成の人の数である。平均値は $\dfrac{m}{n}$ であり、分散 s^2 は

$$s^2 = \frac{1}{n}\left\{\left(x_1 - \frac{m}{n}\right)^2 + \left(x_2 - \frac{m}{n}\right)^2 + \cdots + \left(x_n - \frac{m}{n}\right)^2\right\}$$

であるが、x_1、x_2、$\cdots$、x_n のうち、1であるものは m 個あり、他の $(n-m)$ 個は0であるから

$$s^2 = \frac{1}{n}\left\{m\left(1 - \frac{m}{n}\right)^2 + (n-m)\left(0 - \frac{m}{n}\right)^2\right\}$$

⇨ ①，②

よって

$$s^2 = \frac{1}{n}\left\{m\left(\frac{n-m}{n}\right)^2 + (n-m)\left(-\frac{m}{n}\right)^2\right\}$$

$$= \frac{1}{n}\left\{\frac{m(n-m)^2}{n^2} + \frac{m^2(n-m)}{n^2}\right\}$$

$$= \frac{1}{n} \cdot \frac{m(n-m)\{(n-m) + m\}}{n^2}$$

$$= \frac{m(n-m)}{n^2} \qquad ⇨ ②$$

研究

本問では、0と1の個数に着目して s^2 を式で表したが、$1^2 = 1$、$0^2 = 0$ より

$$x_1^2 + x_2^2 + \cdots + x_n^2 = x_1 + x_2 + \cdots + x_n = m$$

であることを利用する考え方もある。

$$s^2 = (2乗したデータの平均) - (データの平均)^2$$

$$= \frac{x_1^2 + x_2^2 + \cdots + x_n^2}{n} - \overline{x}^2$$

$$= \frac{m}{n} - \left(\frac{m}{n}\right)^2$$

$$= \frac{m(n-m)}{n^2}$$

〔3〕 変量 x, y の組 $(-1, -1)$, $(-1, 1)$, $(1, -1)$, $(1, 1)$ をデータ W とし，ここに $(5a, 5a)$ を加えたデータを W' とする。W' の x の平均値 $\overline{x}$ は

$$\overline{x} = \frac{-1-1+1+1+5a}{5}$$
$$= \frac{5a}{5}$$
$$= \boldsymbol{a} \qquad \Rightarrow ③$$

W' の y の平均値 $\overline{y}$ についても同様に $\overline{y} = a$ である。これより，表 1 の計算表は次のようになる。

x	y	$x-\overline{x}$	$y-\overline{y}$	$(x-\overline{x})(y-\overline{y})$
-1	-1	$-1-a$	$-1-a$	a^2+2a+1
-1	1	$-1-a$	$1-a$	a^2-1
1	-1	$1-a$	$-1-a$	a^2-1
1	1	$1-a$	$1-a$	a^2-2a+1
$5a$	$5a$	$4a$	$4a$	$16a^2$

よって，$(x-\overline{x})(y-\overline{y})$ の和は $20a^2$ となるので，共分散 s_{xy} は

$$s_{xy} = \frac{1}{5} \cdot 20a^2 = \boldsymbol{4a^2} \qquad \Rightarrow ⓪$$

計算表より，x の標準偏差 s_x について

$$s_x^2 = \frac{1}{5}\{2(-1-a)^2 + 2(1-a)^2 + (4a)^2\}$$
$$= \frac{1}{5}(20a^2 + 4)$$
$$= 4a^2 + \frac{4}{5}$$

ここで計算表より，$x-\overline{x}$ の五つの値と $y-\overline{y}$ の五つの値は同じであるため，x と y の標準偏差 s_x と s_y について，$s_x = s_y$ が成り立つ。よって

$$s_x s_y = s_x^2 = \boldsymbol{4a^2 + \frac{4}{5}} \qquad \Rightarrow ②$$

相関係数が 0.95 以上となるのは

$$\frac{s_{xy}}{s_x s_y} \geqq 0.95$$
$$s_{xy} \geqq 0.95 s_x s_y$$
$$4a^2 \geqq \frac{19}{20}\left(4a^2 + \frac{4}{5}\right)$$
$$4\left(1 - \frac{19}{20}\right)a^2 \geqq \frac{19}{25}$$
$$\frac{1}{5}a^2 \geqq \frac{19}{25}$$
$$a^2 \geqq \frac{19}{5}$$

のときであるから

$$a \leqq -\frac{\sqrt{19}}{\sqrt{5}}, \quad \frac{\sqrt{19}}{\sqrt{5}} \leqq a$$
$$\boldsymbol{a \leqq -\frac{\sqrt{95}}{5}, \quad \frac{\sqrt{95}}{5} \leqq a} \qquad \Rightarrow ③$$

第３問

(1)(i) 硬貨を 3 回投げ終えたとき，点 P が条件
$$y_1 \geqq -1 \text{ かつ } y_2 \geqq -1 \text{ かつ } y_3 \geqq -1$$
$$\cdots\cdots(*)$$
を満たす移動の仕方を，図を用いて考える。

ある点における「移動の仕方の総数」は，矢印の前の点にある「移動の仕方の総数」の和となるので，条件 $(*)$ を満たす点 P の移動の仕方は，図 A のようになる。

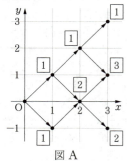

図 A

図 A より，点 $(3, 3)$ に至る移動の仕方は **1** 通りあり，点 $(3, 1)$ に至る移動の仕方は **3** 通りあり，点 $(3, -1)$ に至る移動の仕方は **2** 通りある。

したがって，点 P の移動の仕方が条件 $(*)$ を満たすような硬貨の表裏の出方の総数は
$$1 + 3 + 2 = 6 \text{（通り）}$$
である。よって，点 P の移動の仕方が条件 $(*)$ を満たす確率は
$$\frac{6}{2^3} = \frac{3}{4}$$
として求めることができる。

(ii) 硬貨を 4 回投げるとき，(i) と同様に図を用いて考えると，$y_1 \geqq 0$ かつ $y_2 \geqq 0$ かつ $y_3 \geqq 0$ かつ $y_4 \geqq 0$ を満たす点 P の移動の仕方は，図 B のようになる。

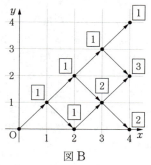

図 B

よって，その移動の仕方は
$$1 + 3 + 2 = 6 \text{（通り）}$$

であるから，その確率は
$$\frac{6}{2^4} = \underline{\frac{3}{8}}$$
となる。

また，図Bより $y_1 \geqq 0$ かつ $y_2 \geqq 0$ かつ $y_3 = 1$ となる点Pの移動の仕方は2通りであり，そこから硬貨が表であっても裏であっても $y_4 \geqq 0$ を満たす。よって，$y_1 \geqq 0$ かつ $y_2 \geqq 0$ かつ $y_3 = 1$ かつ $y_4 \geqq 0$ である確率は

「硬貨を3回投げて，$y_1 \geqq 0$ かつ $y_2 \geqq 0$ かつ $y_3 = 1$ となる確率」

と等しくなるので
$$\frac{2}{2^3} = \underline{\frac{1}{4}}$$

さらに，$y_1 \geqq 0$ かつ $y_2 \geqq 0$ かつ $y_3 \geqq 0$ かつ $y_4 \geqq 0$ である事象を W，$y_3 = 1$ である事象を X とする。このとき，前問の結果より
$$P(W) = \frac{3}{8}, \quad P(W \cap X) = \frac{1}{4} = \frac{2}{8}$$
であるから，$y_1 \geqq 0$ かつ $y_2 \geqq 0$ かつ $y_3 \geqq 0$ かつ $y_4 \geqq 0$ であったとき，$y_3 = 1$ である条件付き確率 $P_W(X)$ は
$$\boldsymbol{P_W(X) = \frac{P(W \cap X)}{P(W)} = \underline{\frac{2}{3}}}$$

(iii) 硬貨を1回投げると，硬貨の表裏によらず x 座標は1増加するから，y 座標だけを考える。

硬貨を4回投げ終えた時点で表が出た回数を m 回とおくと，裏が出た回数は $(4-m)$ 回である。点Pの座標が $(4, 2)$ であるとき，$y_4 = 2$ より
$$1 \cdot m + (-1) \cdot (4-m) = 2$$
$$m = 3$$
よって，表の出る回数は $\underline{3}$ 回であり，裏の出る回数は $(4-3)$ 回，すなわち1回である。

(2)(i) さいころを7回投げて，3の倍数が出る回数を n 回とすると，それ以外の目が出る回数は $(7-n)$ 回であるから，点Qの座標が3になるとき
$$1 \cdot n + (-1) \cdot (7-n) = 3$$
$$n = 5$$
3の倍数が出る確率は $\frac{2}{6} = \frac{1}{3}$ であるから，求める確率は
$$_7C_5 \left(\frac{1}{3}\right)^5 \left(\frac{2}{3}\right)^2 = \frac{7 \cdot 6}{2 \cdot 1} \cdot \frac{2^2}{3^7}$$
$$= \underline{\frac{28}{729}}$$

(ii) 点 Q′ を，最初は xy 平面上の原点にあり，さいころを1回投げるごとに x 座標が1増加し，3の倍数の目が出るごとに y 座標が1増加，それ以外の目が出るごとに y 座標が1減少する点と考える。

点Qの座標は点Q′の y 座標と一致するので，(1)と同様にさいころを k 回投げ終えた時点での点Q′の座標を (k, y_k) とおくと，点Qが条件を満たすことは，点Q′が
$$0 \leqq y_k \leqq 3 \text{ かつ } y_7 = 3 \quad \cdots\cdots (**)$$
を満たすことと同値である。

(1)と同様に図を用いて考えると，(**)を満たす点Q′の移動の仕方は図Cのようになる。

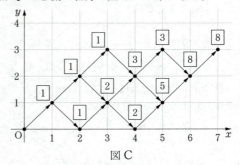

図C

(i)より，点Qの座標が3であるとき，3の倍数の目は5回出ている。図Cより，$y_7 = 3$ となる移動の仕方は8通りであるから，求める確率は
$$8 \cdot \left(\frac{1}{3}\right)^5 \left(\frac{2}{3}\right)^2 = \underline{\frac{32}{2187}}$$

(iii) (ii)の点Q′について，さいころを7回投げる間，$0 \leqq y_k \leqq 3$ である事象を Y，$y_3 = 1$ である事象を Z とおく。点Q′の移動の仕方のうち，$Y \cap Z$ を満たすもののみを考えると，図Dのようになる。

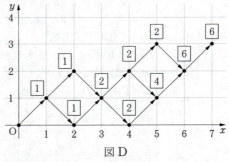

図D

(ii)より，Y を満たす移動の仕方は8通りであるから，図Dより
$$P_Y(Z) = \frac{P(Y \cap Z)}{P(Y)}$$
$$= \frac{6}{8}$$
$$= \underline{\frac{3}{4}}$$

第4問

(1)
$$7x + 13y + 17z = 8 \quad \cdots\cdots\cdots\cdots ①$$
$$35x + 39y + 34z = 37 \quad \cdots\cdots\cdots ②$$

①×5−② より
$$\mathbf{26y + 51z = 3} \quad \cdots\cdots\cdots\cdots\cdots ③$$

ここで
$$26y + 51z = 1$$

とすると，解の一つが $y = 2$，$z = -1$ であるから
$$26 \cdot 2 + 51 \cdot (-1) = 1$$

この両辺に 3 をかけると
$$26 \cdot 6 + 51 \cdot (-3) = 3 \quad \cdots\cdots\cdots ③'$$

よって，$y = 6$，$z = -3$ は③の整数解の一つであり，$z = \dfrac{3 - 26y}{51}$ より $y = 1$，2，3，4，5 のときは③を満たす整数 z は存在しないから，y が正の整数で最小となる③の整数解は
$$\mathbf{y = 6,\ z = -3}$$

③−③′ より
$$26(y - 6) + 51(z + 3) = 0$$
$$26(y - 6) = -51(z + 3)$$

26 と 51 は互いに素であるから，$z + 3$ は 26 の倍数である。よって，k を整数とすると
$$z + 3 = 26k$$

と表すことができる。このとき
$$z = -3 + 26k$$

である。また，これを③に代入して
$$26(y - 6) = -51 \cdot 26k$$
$$y = 6 - 51k$$

よって，③のすべての整数解は，k を整数として
$$\mathbf{y = 6 - 51k,\ z = -3 + 26k}$$

と表される。これらを①に代入して
$$7x + 13(6 - 51k) + 17(-3 + 26k) = 8$$
$$7x + 78 - 51 \cdot 13k - 51 + 34 \cdot 13k = 8$$
$$7x = 17 \cdot 13k - 19$$
$$x = \frac{221k - 19}{7}$$

よって
$$x = \frac{7 \cdot 31k - 7 \cdot 3 + 4k + 2}{7}$$
$$= 31k - 3 + \frac{4k + 2}{7}$$

となるので，x が整数になるのは，$4k + 2$ が 7 の倍数となるときである。

k を 7 で割ったときの余りと，$4k + 2$ を 7 で割ったときの余りは，次の表のようになる。

k	0	1	2	3	4	5	6
$4k+2$	2	6	3	0	4	1	5

よって，x が整数となるのは，k を 7 で割ったときの余りが **3** のときである。

(2) a を整数として
$$2x + 5y + 7z = a \quad \cdots\cdots\cdots\cdots ④$$
$$3x + 25y + 21z = -1 \quad \cdots\cdots\cdots ⑤$$

の場合を考える。⑤−④ より
$$x = -20y - 14z - 1 - a \quad \cdots\cdots ⑥$$

⑤×2−④×3 より
$$35y + 21z = -2 - 3a \quad \cdots\cdots\cdots ⑦$$
$$7(5y + 3z) = -(3a + 2)$$
$$5y + 3z = -\frac{3a + 2}{7}$$

5 と 3 は互いに素であるから，⑦を満たす整数 y，z が存在するとき，$3a + 2$ は 7 の倍数である。a を 7 で割ったときの余りと，$3a + 2$ を 7 で割ったときの余りは，次の表のようになる。

a	0	1	2	3	4	5	6
$3a+2$	2	5	1	4	0	3	6

したがって

a を 7 で割ったときの余りが 4 である

ことは，⑦を満たす整数 y，z が存在するための必要十分条件であることがわかる。

このときの整数 y，z を⑥に代入すると，x も整数となり，④と⑤をともに満たす。

以上より，a の値によって，④と⑤を満たす整数 x，y，z が存在する場合としない場合があることがわかる。

(3) b を整数として
$$x + 2y + bz = 1 \quad \cdots\cdots\cdots\cdots ⑧$$
$$5x + 6y + 3z = 5 + b \quad \cdots\cdots\cdots ⑨$$

の場合を考える。⑨−⑧×5 より
$$-4y + (3 - 5b)z = b \quad \cdots\cdots\cdots ⑩$$

b を 4 で割ったときの余りと，$3 - 5b$ を 4 で割ったときの余りは，次の表のようになる。

b	0	1	2	3
$3-5b$	3	2	1	0

$-4y$ は 4 の倍数であるから，⑩の左辺を 4 で割ったときの余りは $(3 - 5b)z$ を 4 で割ったときの余りと等しい。右辺は b であるから，b を 4 で割ったときの余りで場合を分けて，左辺と右辺が等しくなる条件を考える。

(i) 余りが0のとき

$3-5b$ を4で割ったときの余りは3であるから,z を4の倍数とすれば,左辺,右辺ともに4で割ったときの余りが0となり**成り立つ**。

(ii) 余りが1のとき

$3-5b$ を4で割ったときの余りは2であるから,左辺は偶数,右辺は奇数となり,成り立たない。

(iii) 余りが2のとき

$3-5b$ を4で割ったときの余りは1であるから,z を4で割ったときの余りが2になる数とすれば**成り立つ**。

(iv) 余りが3のとき

$3-5b$ を4で割ったときの余りは0であるから,左辺は4の倍数,右辺は4で割ったときの余りが3となり,成り立たない。

以上より

b を4で割ったときの余りが

0 または **2** である

ことは,⑩を満たす整数 y,z が存在するための必要十分条件であることがわかる。

(4) c を整数として

$$x+3y+5z=1 \quad \cdots\cdots\cdots ⑪$$
$$cx+3(c+5)y+10z=3 \quad \cdots\cdots ⑫$$

⑫$-$⑪$\times c$ より

$$15y+5(2-c)z=3-c \quad \cdots\cdots ⑬$$

左辺は5の倍数であるから,右辺も5の倍数である。よって,$3-c$ を15で割ったときの余りは,0, 5, 10 のいずれかである。すなわち,c を15で割ったときの余りは,3, 8, 13 のいずれかとなる。c, $2-c$, $3-c$ を15で割ったときの余りは,次の表のようになる。

c	3	8	13
$5(2-c)$	10	0	5
$3-c$	0	10	5

$15y$ は15の倍数であるから,⑬の左辺を15で割ったときの余りは $5(2-c)z$ を15で割ったときの余りと等しい。c を15で割ったときの余りによって場合を分けて,左辺と右辺が等しくなる条件を考える。

(i) 余りが3のとき

$5(2-c)$ を15で割ったときの余りは10,$3-c$ を15で割ったときの余りは0であるから,z を3の倍数とすれば左辺も右辺ともに15の倍数となり,**成り立つ**。

(ii) 余りが8のとき

$5(2-c)$ を15で割ったときの余りは0,$3-c$ を15で割ったときの余りは10であるから,左辺は15の倍数となるが,右辺は15で割ったときの余りが10となり,成り立たない。

(iii) 余りが13のとき

$5(2-c)$ を15で割ったときの余りは5,$3-c$ を15で割ったときの余りも5であるから,**成り立つ**。

以上より

c を15で割ったときの余りが

3 または **13** である

ことは,⑪と⑫を満たす整数 x,y,z が存在するための必要十分条件であることがわかる。

第5問

(1)

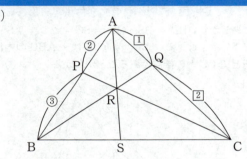

△ABC において,チェバの定理より

$$\frac{AP}{PB} \cdot \frac{BS}{SC} \cdot \frac{CQ}{QA} = 1$$

$$\frac{2}{3} \cdot \frac{BS}{SC} \cdot \frac{2}{1} = 1$$

$$\frac{BS}{SC} = \frac{3}{4}$$

よって

$$BS:SC = 3:4$$

より,点 S は辺 BC を **3** : **4** に内分する点である。

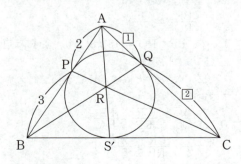

AB $= 5$ のとき

$$AP = \frac{2}{5}AB = \frac{2}{5} \cdot 5 = 2$$
$$PB = \frac{3}{5}AB = \frac{3}{5} \cdot 5 = 3$$

△ABC の内接円が辺 AB，AC とそれぞれ点 P，Q で接しているので，点 A から接点までの長さは等しく
$$\mathbf{AQ} = AP = \mathbf{2}$$
AQ : QC = 1 : 2 より
$$QC = 2AQ = 2 \cdot 2 = 4$$
内接円と辺 BC との接点を S' とすると
$$BP = BS', \quad QC = S'C$$
であるから
$$BC = BS' + S'C = BP + QC$$
$$= 3 + 4 = \mathbf{7}$$
となる。したがって
$$BS = \frac{3}{7}BC = \frac{3}{7} \cdot 7 = 3$$
$$SC = \frac{4}{7}BC = \frac{4}{7} \cdot 7 = 4$$
であるから，BP = BS，QC = SC となり，点 S と点 S' は一致する。よって，**点 S は △ABC の内接円と辺 BC との接点であることがわかる。** ⇨ ②

(2)(i)

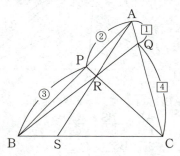

△ABQ と直線 PR において，メネラウスの定理より
$$\frac{AP}{PB} \cdot \frac{BR}{RQ} \cdot \frac{QC}{CA} = 1$$
$$\frac{2}{3} \cdot \frac{BR}{RQ} \cdot \frac{4}{5} = 1$$
$$\frac{BR}{RQ} = \frac{15}{8}$$
よって，BR : RQ = 15 : 8 より，点 R は辺 BQ を **15 : 8** に内分する。

次に，△APC と直線 QR において，メネラウスの定理より
$$\frac{AQ}{QC} \cdot \frac{CR}{RP} \cdot \frac{PB}{BA} = 1$$
$$\frac{1}{4} \cdot \frac{CR}{RP} \cdot \frac{3}{5} = 1$$
$$\frac{CR}{RP} = \frac{20}{3}$$

よって，CR : RP = 20 : 3 より，点 R は辺 CP を **20 : 3** に内分する。

ここで，辺 BC が共通なので
$$△ABC : △BPC = AB : PB$$
$$= 5 : 3$$
より
$$△BPC = \frac{3}{5}△ABC$$
となる。同様に，辺 BP が共通なので
$$△BPC : △BPR = PC : PR$$
$$= (20 + 3) : 3$$
より
$$△BPR = \frac{3}{23}△BPC = \frac{3}{23} \cdot \frac{3}{5}△ABC$$
$$= \frac{9}{115}△ABC \quad \cdots\cdots\cdots ①$$
となる。また，辺 BC が共通なので
$$△ABC : △QBC = AC : QC$$
$$= 5 : 4$$
より
$$△QBC = \frac{4}{5}△ABC$$
となる。同様に，辺 QC が共通なので
$$△QBC : △CQR = QB : QR$$
$$= (15 + 8) : 8$$
より
$$△CQR = \frac{8}{23}△QBC = \frac{8}{23} \cdot \frac{4}{5}△ABC$$
$$= \frac{32}{115}△ABC \quad \cdots\cdots\cdots ②$$
よって，①，②より
$$\frac{\mathbf{△CQR \text{ の面積}}}{\mathbf{△BPR \text{ の面積}}} = \frac{\mathbf{32}}{\mathbf{9}}$$

(ii) $0 < t < 1$ である実数 t を用いて，点 Q が辺 AC を $t : (1-t)$ に内分する，すなわち
$$AQ : QC = t : (1-t)$$
とおく。

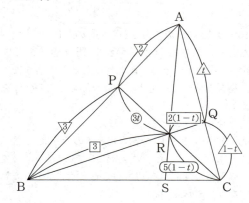

(i)と同様に，△ABQ と直線 PR において，メネラウスの定理より

$$\frac{AP}{PB} \cdot \frac{BR}{RQ} \cdot \frac{QC}{CA} = 1$$

$$\frac{2}{3} \cdot \frac{BR}{RQ} \cdot \frac{1-t}{1} = 1$$

$$\frac{BR}{RQ} = \frac{3}{2(1-t)} \quad \cdots\cdots\cdots\cdots\cdots ③$$

△APC と直線 QR において，メネラウスの定理より

$$\frac{AQ}{QC} \cdot \frac{CR}{RP} \cdot \frac{PB}{BA} = 1$$

$$\frac{t}{1-t} \cdot \frac{CR}{RP} \cdot \frac{3}{5} = 1$$

$$\frac{CR}{RP} = \frac{5(1-t)}{3t} \quad \cdots\cdots\cdots\cdots ④$$

よって，③，④より

$$BR : RQ = 3 : 2(1-t)$$
$$CR : RP = 5(1-t) : 3t$$

ここで，辺 BC が共通なので

$$△ABC : △BPC = AB : PB$$
$$= 5 : 3$$

より

$$△BPC = \frac{3}{5}△ABC$$

となる。同様に，辺 BP が共通なので

$$△BPC : △BPR = PC : PR$$
$$= \{5(1-t) + 3t\} : 3t$$
$$= (5-2t) : 3t$$

より

$$△BPR = \frac{3t}{5-2t}△BPC$$
$$= \frac{3t}{5-2t} \cdot \frac{3}{5}△ABC \quad \cdots ⑤$$

となる。また，辺 BC が共通なので

$$△ABC : △QBC = AC : QC$$
$$= 1 : (1-t)$$

より

$$△QBC = (1-t)△ABC$$

となる。同様に，辺 QC が共通なので

$$△QBC : △CQR = QB : QR$$
$$= \{3 + 2(1-t)\} : 2(1-t)$$
$$= (5-2t) : 2(1-t)$$

より

$$△CQR = \frac{2(1-t)}{5-2t}△QBC$$
$$= \frac{2(1-t)}{5-2t} \cdot (1-t)△ABC$$
$$= \frac{2(1-t)^2}{5-2t}△ABC \quad \cdots\cdots ⑥$$

となる。したがって，⑤，⑥より

$$\frac{△CQR}{△BPR} = \frac{2(1-t)^2}{5-2t} \cdot \frac{5(5-2t)}{9t}$$

$$= \frac{10(1-t)^2}{9t}$$

であるから，$\dfrac{△CQR}{△BPR} = \dfrac{1}{4}$ のとき

$$\frac{10(1-t)^2}{9t} = \frac{1}{4}$$

$$40(1-t)^2 = 9t$$

$$40t^2 - 89t + 40 = 0$$

$$(8t-5)(5t-8) = 0$$

$0 < t < 1$ より

$$t = \frac{5}{8}$$

よって

$$AQ : QC = \frac{5}{8} : \frac{3}{8} = 5 : 3$$

であるから，点 Q は辺 AC を 5 : 3 に内分する点である。

MEMO